Monographien zur Feuerungstechnik
Band 12

# Feuerungstechnisches Rechnen

Von

Dipl.-Ing.

**Wilhelm Gumz**

Mit 62 Abbildungen im Text

Springer-Verlag Berlin Heidelberg GmbH 1931

ISBN 978-3-662-35897-9     ISBN 978-3-662-36727-8 (eBook)
DOI 10.1007/978-3-662-36727-8

# Vorwort.

„Feuerungstechnisches Rechnen" ist eine feuerungstechnische Formelsammlung, die aus der Praxis entstanden, für die Praxis bestimmt ist. Sie ist bei äußerster Knappheit und unter Verzicht auf lange Beschreibungen feuerungstechnischer Anlagen bemüht, alles das zu bringen, was man für die wärmetechnische Berechnung von Feuerungsanlagen, Kesseln, Öfen u. dgl. braucht. Dabei wurde größerer Wert auf die Entwicklung grundsätzlicher Rechenvorgänge, insbesondere ihre graphische Behandlung, und auf die Vermittlung eines allgemeinen Überblicks gelegt als auf die Lieferung fertiger Gebrauchsanweisungen für bestimmte Einzel-Anwendungsfälle. Es ist von nicht zu unterschätzender Bedeutung, daß dem Leser die Möglichkeit geboten wird, sich über die Ableitung aller Gedankengänge und Formeln, besonders auch die der empirischen Formeln, Klarheit zu verschaffen, damit er sein geistiges Handwerkszeug richtig zu handhaben und zu werten lernt.

In gewissem Sinne gibt das „Feuerungstechnische Rechnen" gleichzeitig einen ziemlich vollständigen Überblick über das ganze Gebiet der Feuerungstechnik und einen Einblick in seine Probleme und die Grenzen ihrer derzeitigen rechnerischen Beherrschung, ohne indessen, seiner Bestimmung gemäß, auf konstruktive Ausgestaltung und Einzelheiten einzugehen. Das Buch ist in erster Linie für den Gebrauch des projektierenden und berechnenden Ingenieurs bei seiner täglichen Arbeit bestimmt. Zu diesem Zwecke wurde auch das Sach- und Namenverzeichnis ausführlich gehalten. Ein tieferes Eindringen in die Materie wird durch reichliche Literaturangaben erleichtert. Die allgemeinen feuerungstechnischen Ableitungen meiner „Luftvorwärmung im Dampfkesselbetrieb" sind zugleich in dieses Bändchen übernommen worden.

Den Herren Dipl.-Ing. F. Michel, G. Ostermann und W. Wisser möchte ich für ihre wertvolle Hilfe beim Korrekturenlesen meinen besten Dank aussprechen.

Charlottenburg, September 1930. **W. Gumz.**

# Inhaltsverzeichnis.

# I. Brennstoffe.

## Zusammensetzung und Eigenschaften.

Die Brennstoffe bestehen aus der eigentlichen brennbaren Substanz, Wasser und Asche. Die brennbare Substanz wieder, gebildet aus den Elementarbestandteilen Kohlenstoff, Schwefel und Wasserstoff, setzt sich aus dem „fixen Kohlenstoff", dem Überrest einer Entgasung des aschefreien Brennstoffs und den „flüchtigen Bestandteilen" zusammen, die bei der Entgasung als Kohlenwasserstoffe gemeinsam mit dem noch enthaltenen Wasser gasförmig entweichen. Der Wassergehalt wird, soweit er durch natürliche Trocknung an der Luft entfernt werden kann, als „grobe Feuchtigkeit" bezeichnet, während das durch künstliche Trocknung (2 Stunden im Trockenschrank bei etwa 105° C und einer Einwaage von 5 g) ausgetriebene restliche Wasser als „hygroskopische Feuchtigkeit" definiert ist.

Eine zuverlässigere Methode ist die von Dr. Dolch neuerdings ausgearbeitete „kryohydratische Methode" zur Wasserbestimmung[1]), an Hand der festgestellt wurde, daß durch fehlerhafte Feuchtigkeitsbestimmung bei der Elementaranalyse der C-Gehalt häufig zu gering, der $O_2$- und $H_2$-Gehalt zu hoch angegeben wird.

Die Gegenwart des bei der Verbrennung entstehenden Wasserdampfes ist für den Ablauf der Verbrennungsreaktionen sehr fördernd und sogar notwendig; großer Wassergehalt hat jedoch durch die Wärmebindung bei der Verdampfung eine starke Senkung der Verbrennungstemperatur und einen hohen, technisch nicht rückgewinnbaren Abgasverlust zur Folge.

Die Asche hat keinen unmittelbaren Anteil an der Verbrennung. Dagegen ist sie von ziemlichem Einfluß auf die Vorgänge in der Feuerung, da sie, wenn der Aschegehalt groß genug ist, die Zündung und Verbrennung erschwert, den Ausbrand verschlechtert, fühlbare Wärme aufnimmt[2]), die als verloren zu betrachten ist und beim Teigig- oder Flüssigwerden den Rost und die Feuerung beschädigen kann.

---

[1]) M. Dolch, „Neue Wege praktischer Brennstoffuntersuchungen und deren rechnerische Auswertung". Brennst.- u. Wärmew. XII (1930), 21/22, S. 253—267.
[2]) Vogel, „Verbrennung von Kohle mit hohem Asche- und Wassergehalt". Arch. Wärmewirtsch. 10 (1928), 6, S. 189—192.

Die Elementarzusammensetzung der verschiedenen Brennstoffe ist in erster Linie von ihrer Entstehung und ihrem geologischen Alter abhängig. Angaben hierüber findet man in den verschiedenen Handbüchern, so z. B. im Taschenbuch der „Hütte"[1]), in besonderen Fällen werden sie durch eine Elementaranalyse[2]) bestimmt. Für viele Anwendungsgebiete genügt die Immediatanalyse oder Kurzanalyse, das ist die Bestimmung des Gehalts an grober und hygroskopischer Feuchtigkeit und des Aschegehalts, sowie die Verkokungsprobe, die den Koksgehalt ($C_{fix}$ + Asche), den Koksbefund und den Gehalt an flüchtigen Bestandteilen angibt. Die Verkokungseigenschaften sind nicht nur für die Koksherstellung, sondern auch für den Verbrennungsvorgang in der Feuerung von praktisch sehr großer Bedeutung.

Der Verkokungsvorgang[3]) ist etwa folgender: Unter 100° ist die Wärmeeinwirkung unbedeutend und auch die Austreibung der hygroskopischen Feuchtigkeit beschränkt. Der Bereich von 100 bis etwa 300°, der unter dem Erweichungspunkt liegt, wird als Vorentgasung, der Bereich oberhalb etwa 430° als Nachentgasung bezeichnet. Dazwischen liegt die Erweichungszone der Kohle, an deren Ende, etwa bei 390—430°, das Schmelzen eintritt. Dieses Erweichen und Schmelzen der Kohle läßt sich selbst an frei brennenden Kohlenstückchen, die auf ein glühendes Feuerbett gelegt werden, leicht beobachten. In dem Nachentgasungsbereich tritt nach dem Schmelzvorgang bei weiterer Erwärmung die Wiederverfestigung ein, die auf der Verkokung des Bindemittels beruht, wobei die Dichte des Kokses vom mechanischen, vom Treibvermögen bedingten Druck und der Höhe und Schnelligkeit der Erhitzung abhängt. Der Träger des Backvermögens ist nach Fischer das „Ölbitumen", der des Treibvermögens das „Festbitumen". Nach Strache-Lant sind es die Huminsäuren, die dem Lignin entstammen, und die harzigen Bestandteile mit einem Schmelzpunkt von 300—320°. Das Erweichen und Schmelzen der Kohle hat nun eine Formänderung zur Folge, benachbarte Kohleteilchen schmelzen und laufen zusammen und bilden mehr oder weniger große Kokskuchen, an denen die Gestalt und Körnung der ursprünglichen Kohle nicht mehr erkannt werden kann. Diese Erscheinung ist an jeder beliebigen Feuerung zu beobachten und wird häufig zu Unrecht der Asche zur Last gelegt, die aber erst weit später zum Schmelzen gebracht wird und in vielen Fällen sogar nur erweicht, ohne zu schmelzen unter Ausdampfung der leicht flüchtigen mineralischen Bestandteile. Kokereibetrieb und Feuerungsbetrieb haben nun gerade gegenteilige Wünsche, da man

---

[1]) Hütte I, 25. Aufl., S. 863—880.
[2]) Siehe Strache-Lant, „Kohlenchemie". Kap. IX, S. 425 ff. — Wolfram Fritsche, „Untersuchung der festen Brennstoffe mit besonderer Berücksichtigung der flüchtigen Bestandteile" u. a. m.
[3]) Nach einer Darstellung von Dr. P. Damm: „Die Eigenschaften der Kokskohle und die Vorgänge bei ihrer Verkokung". Arch. Eisenhüttenwes. II (1928), 2, S. 59—72.

in der Feuerung die Erzeugung eines festen, schön geschmolzenen Kokses vermeiden und einen möglichst schlechten, aber sehr reaktionsfähigen Koks anstreben sollte, sofern die Koksbildung (z. B. durch die Brennstoffauswahl) nicht ganz vermieden werden kann. Gut geschmolzenen Koks erhält man durch schnelles Erhitzen und einen um so schlechteren Koks, je langsamer die Kohle erwärmt und je länger sie auf den niedrigen Temperaturen gehalten wird. Dies beruht auf dem Abschwelen des für das Backen und Schmelzen wichtigen Ölbitumens während der langen Vorentgasungsperiode. Die Reaktionsfähigkeit ist um so größer, je weniger die Kohle backt und treibt, und je weniger der Koks erhitzt wird (vgl. z. B. Halbkoks und Hüttenkoks). Langsames Erwärmen und Abschwelen drängt daher nicht nur die Neigung zum Zusammenlaufen zurück, sondern erhöht auch die Reaktionsfähigkeit des Restkokses.

Es ergibt sich daraus für den Feuerungsbetrieb die praktische Forderung, daß man bei zum Backen neigenden Brennstoffen eine möglichst langsame Aufwärmung des Brennstoffs erstreben sollte (Wanderroste mit hoher Geschwindigkeit und geringer Schichthöhe oder Unterschubfeuerungen).

Ein großer Teil der Feuerungsschwierigkeiten ist auf diese Verkokungserscheinungen zurückzuführen. Daneben gibt es eine zweite Gruppe von Schwierigkeiten, die durch den Aschenschmelzpunkt und durch die Aschenzusammensetzung bedingt sind[1]). Entsprechend der Entstehungsweise der anorganischen Brennstoffbeimengungen können in einem Flöz sowohl Aschengehalt als auch Aschenzusammensetzung und Aschenschmelzpunkt verschieden sein, und die Angabe des genauen Aschenschmelzpunktes bereitet daher große Schwierigkeiten, obwohl sie als Anhaltszahl von großer praktischer Bedeutung ist. In den vier durch Trennung nach dem spez. Gewicht und durch mikroskopische Untersuchung unterscheidbaren Kohlebestandteilen finden sich im Clarain und Vitrain (Glanzkohle) hauptsächlich diejenigen anorganischen Bestandteile, die der Muttersubstanz (den Pflanzen) entstammen, in dem Durain die anorganischen Substanzen aus dem Liegenden und aus den Ablagerungen, die während des Inkohlungsprozesses entstanden sind, und in dem porösen Fusain die anorganischen Bestandteile späterer Infiltrationen. Das erklärt die Verschiedenheit, die hinsichtlich

---

[1]) Ausführliche Behandlung mit vielen Literaturangaben siehe Strache-Lant, „Kohlenchemie". Akad. Verlagsgesellschaft m. b. H. Leipzig 1924, ferner Broche, „Schmelzpunkt von Kohlenaschen". Arch. Wärmewirtsch. 7 (1926), 4, S. 99 und K. Bunte und K. Baum, „Untersuchungen über Schmelzvorgänge von Brennstoffaschen". GWF. 71 (1928), S. 97 u. 125; Arch. f. Wärmew. 9 (1928), 11, S. 370 bis 371, ebenda 10 (1929), 4, S. 143—146.

Menge, Zusammensetzung und Schmelzpunkt der Aschen in den einzelnen Bestandteilen ermittelt worden sind. Für den praktischen Betrieb ist natürlich nur der Schmelzpunkt der wirklichen Kohle von Bedeutung, zugleich die Temperatur, die mit dem betreffenden Brennstoff in der Feuerung erzielt wird.

Zahlentafel 1. Aschenanalysen.

|  | Leicht schmelzbar bei ca. 1169° C | Schmelzbar bei ca. 1350° C | Schmelzbar bei ca. 1450-1500° C | Schwer schmelzbar |
|---|---|---|---|---|
| $SiO_2$ . . . . . | 48,60 | 47,20 | 43,95 | 49,46 |
| $Al_2O_3$ . . . . | 23,43 | 29,58 | 32,0 | 33,28 |
| $Fe_2O_3$ . . . . | 14,68 | 6,96 | 8,45 | 5,50 |
| $CaO$ . . . . . | 3,08 | 6,52 | 6,00 | 2,76 |
| $MgO$ . . . . . | 2,88 | 4,66 | 2,07 | 6,78 |
| $SO_3$ . . . . . | 6,96 | 3,33 | 1,45 | 1,50 |
| $P_2O_5$ . . . . . | 1,85 | 0,50 | 1,60 | 1,42 |
| Alkalien . . . | 4,52 | 3,20 | 3,14 | 3,83 |
| Diverses . . . | — | 0,97 | 1,29 | 1,47 |
|  | 100,00 | 100,00 | 100,00 | 100,00 |
| $K_{\text{Teune}}$ . . . . | 3,49 | 4,23 | 4,60 | 5,50 |

Die Methoden zur Schmelzpunktsermittlung gehen in zwei Richtungen, die einen versuchen Rückschlüsse aus der Aschenzusammensetzung zu ziehen, die anderen versuchen auf experimentellem Wege ihr Ziel zu erreichen unter mehr oder weniger großer Annäherung an die wirklichen Betriebszustände. Von den ersteren seien als Beispiele aufgeführt:

1. Die Teunesche Charakteristik. Der Schmelzpunkt liegt erfahrungsgemäß um so höher, je größer die Summe der sauren und je kleiner die Summe der basischen Bestandteile ist, d. h., je größer der Ausdruck

$$\frac{SiO_2 + Al_2O_3}{Fe_2O_3 + MgO + CaO}$$

wird. Die obenstehende Zusammenstellung typischer Kohlenaschen nach Simmersbachs „Kokschemie" (Zahlentafel 1) zeigt eine gute Übereinstimmung zwischen Schmelzpunkt und dem Teuneschen Kriterium, die jedoch nicht immer festzustellen ist.

2. E. Donath[1]) schlägt den erweiterten Ausdruck

$$\frac{SiO_2 + Al_2O_3}{Fe_2O_3 + FeO + MgO + CaO}$$

vor, da die Einwirkung des FeO-Gehaltes auf den Schmelzpunkt nachgewiesen ist.

3. Nach Prost[2]) gibt der Quotient $a:b$ eine geeignete Kennziffer zur Beurteilung des Aschenschmelzpunktes an, wenn mit $b$ das Ver-

---

[1]) Dr. techn. h. c. Ed. Donath, „Die Verfeuerung der Mineralkohlen". Dresden und Leipzig 1924. Verlag von Th. Steinkopff.

[2]) Vgl. Comptes rendus du Congrès du Chauffage Industriel I, S. 14—20.

hältnis von Sauerstoffgehalt der Kieselsäure zum Sauerstoffgehalt der Tonerde und mit $a$ das Verhältnis von Sauerstoffgehalt der Tonerde zu der Summe der Sauerstoffgehalte von $Fe_2O_3$, CaO und MgO bezeichnet wird. Dieser Quotient soll bei Schmelztemperaturen von ca. 1200° kleiner sein als 1, bei 1350° 1—2, bei 1450° 1,5—3 und bei 1500° größer als 3 sein. Der Vergleich mit Schmelzversuchen ergibt allerdings eine erhebliche Streuung der Werte, wie überhaupt die Beurteilung des Schlackenschmelzpunktes nach allen diesen Kennziffern nur sehr unsicher ist.

Genauere Ergebnisse liefert der Versuch. Die beste und zuverlässigste Methode ist die versuchsweise Verfeuerung unter dem Dampfkessel, die jedoch zeitraubend und teuer ist und bei sehr ungeeigneter Kohle den Rost oder das Mauerwerk in Mitleidenschaft ziehen kann. An Laboratoriumsuntersuchungen wären zu nennen:

1. Die Segerkegelmethode. Mit Hilfe eines Bindemittels (Dextrin od. dgl.) werden aus der zu untersuchenden Asche kleine Pyramiden von ca. 15 mm Seitenfläche des Grunddreiecks und 40 mm Höhe geformt und in der Hitze mit gewöhnlichen Segerkegeln verglichen. Die Methode ist ziemlich roh, ungenau und erfordert große Aschenmengen.

2. Die belgische Methode. In einem Platintiegel wird eine Aschenschmelze gemacht und die Temperatur des Schmelzbades gemessen. Die Methode gibt den Schmelzpunkt, nicht, wie die erste, den praktisch wichtigeren Erweichungspunkt und daher bis zu 200° höhere Temperaturen an als diese.

3. Der Versuchsofen nach Roszak[1]) versucht die Betriebsverhältnisse nachzuahmen, indem er den Brennstoff in einem kleinen gemauerten Ofen auf einem Rost mit vorgewärmter Luft verbrennt und die Temperatur mit einem in die Brennstoffschicht hineinragenden Thermometer mißt.

4. Die Untersuchung im elektrischen Ofen. Es werden hierzu nur kleine Aschenmengen benötigt, und die Temperaturen können sehr genau eingeregelt werden. Als Beispiel sei ein von W. C. Heraeus, Hanau, herausgebrachter Schmelzpunkt-Bestimmungsapparat beschrieben. Die pulverisierte Aschenprobe wird mit destilliertem Wasser angefeuchtet und mit einem Pinsel auf ein Platinblech aufgetragen. Dieses wird in einen kleinen, einseitig offenen Röhrenofen mit besonders starker Platinbewicklung eingebracht, der am anderen Ende ein Metallröhrchen mit den beiden 0,4 mm starken, mittels Kapillaren aus Marquardtscher Masse isolierten Drähten eines Platin-Platinrhodium-Thermoelementes zum genauen Ablesen der im Ofen herrschenden Temperatur trägt. Mit einer mit dem Stativ des Ofens verbundenen, verschiebbaren Zeißschen Fernrohrlupe wird der kleine Aschenkegel bis zu seinem Niederschmelzen beobachtet und zu gleicher Zeit das Millivoltmeter des Thermoelementes abgelesen. Die Stromzufuhr wird so geregelt, daß nach langsamem Anheizen eine gleichmäßige Temperatursteigerung erzielt wird, die maximal bis auf 1500° getrieben werden kann. Dieser hohen Temperatur soll der Ofen jedoch zu seiner Schonung nur so kurz wie möglich ausgesetzt werden. Aschen, deren Schmelzpunkt dann noch nicht erreicht ist, können für den Feuerungsbetrieb als ungefährlich angesehen werden.

---

[1]) Siehe Congrès du Chauffage Industriel a. a. O. S. 14.

5. Die Methode nach Bunte und Baum[1]) benutzt einen elektrischen Ofen, in dem ein Probekörper unter dem Druck eines Stempels aus Elektrodenkohle steht, so daß in Abhängigkeit von der gleichzeitig aufgenommenen Temperatur genaue Erweichungs- und Schmelzdiagramme aufgezeichnet werden (Abb. 1).

6. Endlich sei die Methode nach Dr. Dolch (Universität Halle a. S.) erwähnt, bei welcher ein Lichtbogen als Heizquelle dient, der verstellbar und beweglich angeordnet ist. Durch ein Mikroskop und eine Blende wird die kleine Aschenprobe (der Rückstand aus der Elementaranalyse ist ausreichend), die auf die plattgeklopfte Lötstelle eines Thermoelementes aufgebracht wird, in ihrem Verhalten beobachtet[2]).

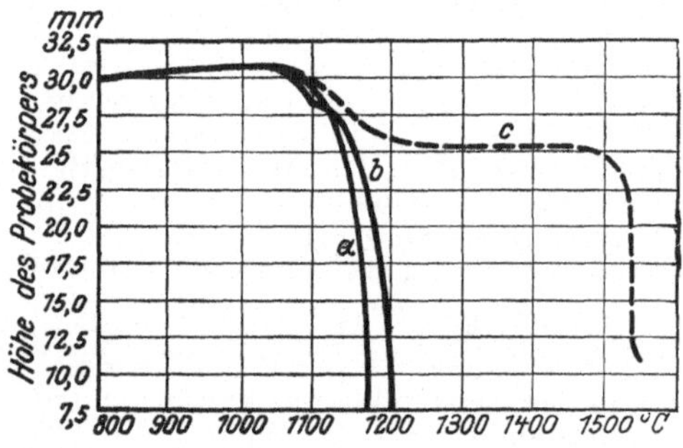


Abb. 1. Grundsätzliche Schmelzvorgänge bei Kohlenaschen nach K. Baum.

Betrachtet man den Schmelzvorgang der Kohlenaschen, so fällt zunächst auf, daß es einen eindeutigen Schmelzpunkt wie bei chemisch reinen Stoffen überhaupt nicht gibt, daß der Vorgang des Schmelzens wie bei allen Gemengen einen allmählichen Übergang vom Erweichen zum eigentlichen Fließen darstellt mit einem, möglich auch mehreren mehr oder weniger stark ausgeprägten Haltepunkten. Es ist anzunehmen, daß auch hier außer der Zusammensetzung die räumliche Verteilung und die Art und Schnelligkeit der Wärmezufuhr von Einfluß sein können. Lassen sich auch generelle Angaben über das Verhalten der Aschen von Kohlen verschiedener Herkunft nicht machen, und zeigen sich auch in denselben Flözen und den einzelnen Bestandteilen Fusain, Durain, Clarain und Vitrain der Kohle große Verschiedenheiten, so geben die angeführten Methoden doch einen gewissen Anhalt, der eine wertvolle Ergänzung zur Angabe der Kohlenqualität darstellt.

## Brennstoffbewertung.

Der Wertmesser für den Brennstoff ist sein Heizwert. Zur genauen Ermittlung des Heizwertes bedient man sich

---

[1]) A. a. O.

[2]) M. Dolch und E. Pöchmüller, „Über eine einfache Form der Aschenschmelzpunktsbestimmung". Feuerungstechn. XVIII (1930), 15/16, S. 149—151.

kalorimetrischer Methoden, indem man die Verbrennungswärme feststellt und die Verdampfungswärme des bei der Verbrennung gebildeten Wassers abzieht. Zuweilen findet auch die Verbrennungswärme selbst wegen der Einfachheit ihrer Bestimmung Anwendung als Wertmaßstab, wobei dann der Verlust durch die Verdampfung des Verbrennungswassers zu den übrigen Abgasverlusten hinzutritt. Eine andere Möglichkeit zur Bestimmung des Heizwertes gibt die Elementaranalyse durch Auswertung der sog. Verbandsformel:

$$H = 8100 \cdot C + 2500 \cdot S + 29000 \cdot \left(H - \frac{O}{8}\right) - 600 \cdot W. \quad (1)$$

Da sowohl die Heizwertbestimmung mit Bombe und Kalorimeter als auch die Durchführung der Elementaranalyse sehr zeitraubend und darum auch kostspielig ist, kann man auch die Immediatanalyse zur Heizwertbestimmung heranziehen. Diese Methode ist zwar um ein Geringes ungenauer, hat aber den Vorteil, daß sie verhältnismäßig schnell, mit einfachen Mitteln und selbst von solchen Betrieben durchgeführt werden kann, für welche sich ein eigenes chemisches Laboratorium nicht bezahlt machen kann. Für die meisten praktischen Bedürfnisse, wie z. B. zur Kontrolle des Einkaufs und der Betriebsführung, ist die Ermittlung des Heizwertes aus der Immediatanalyse ausreichend[1]). Hat man den Wassergehalt ($W$), den Aschegehalt ($A$) und den Gehalt an flüchtigen Bestandteilen ($V$) bestimmt, so ergibt sich als ein Mittelwert aus ca. 100 Analysen empirisch folgender Zusammenhang:
Verbrennungswärme der Reinkohle[2]):

$$Q_r = 8150 + 6650 \cdot V - 17500 \cdot V^2. \quad (2)$$

Heizwert der Reinkohle:

$$H_r = 8150 + 3833 \cdot V - 11806 \cdot V^2. \quad (3)$$

Die Ergebnisse können der Abb. 2 entnommen werden. Den Heizwert und analog die Verbrennungswärme findet man dann zu

$$H = (1 - A) \cdot H_r - 600 \cdot W. \quad (4)$$

Nach de Jonge[3]) ist der Heizwert der flüchtigen Bestandteile selbst eine lineare Funktion von den flüchtigen Bestandteilen der

---

[1]) Gumz, ,,Über den Zusammenhang zwischen der Verbrennungswärme, dem Heizwert und den flüchtigen Bestandteilen der Steinkohle.'' Feuerungstechn. XIV, (1931), S. 1, und dort angeführte Literatur.

[2]) Der sog. obere Heizwert wird als ,,Verbrennungswärme'', der untere Heizwert einfach als ,,Heizwert'' bezeichnet.

[3]) L'Economie de Combustible I (1930), 3 S. 1—8.

Reinkohle, und man findet als einen Mittelwert aus 100 Analysen hierfür: Verbrennungswärme der flüchtigen Bestandteile:

$$Q_v = 14\,693 - 17\,308 \cdot V \tag{5}$$

und Heizwert der flüchtigen Bestandteile:

$$H_v = 12\,639 - 13\,864 \cdot V. \tag{6}$$

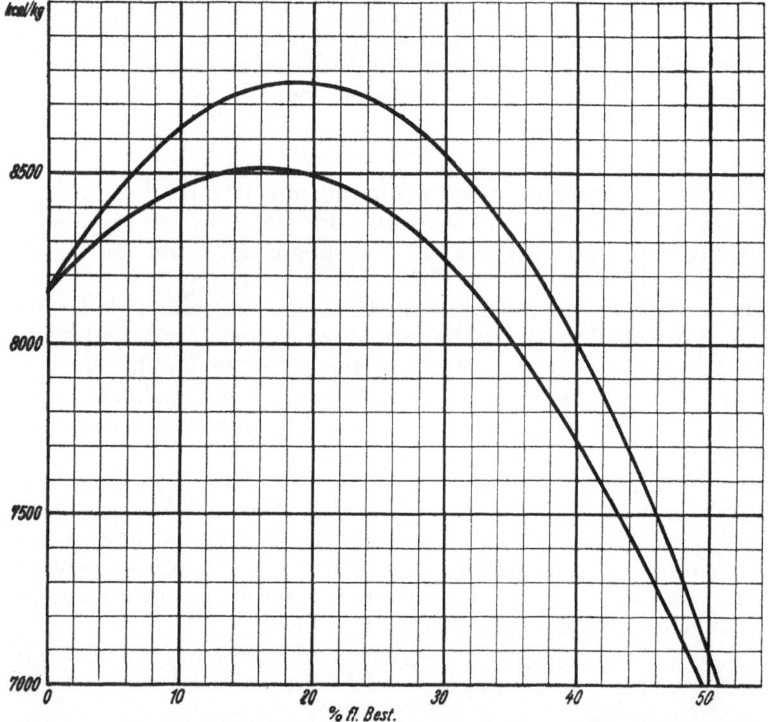



Abb. 2. Verbrennungswärme (obere Kurve) und Heizwert (untere Kurve) der Reinkohle in Abhängigkeit von ihrem Gehalt an flüchtigen Bestandteilen.

Zu diesen Ableitungen sind noch folgende Einschränkungen zu machen: Die Formeln dürfen nur auf solche Brennstoffe angewendet werden, die für die Ableitung der Formeln benutzt worden sind, d. h. für Steinkohle der verschiedensten Herkunft im Bereich von etwa 5—45% flüchtiger Bestandteile (bezogen auf Reinkohle), jedoch nicht auf andere Brennstoffe, wie z. B. Holz, Torf oder Braunkohle, ferner nicht auf künstlich erzeugte Brennstoffe, wie z. B. Koks, und endlich nicht auf Brennstoffmischungen.

Die Genauigkeit ist auf dem flachen Ast der Kurve befriedigend groß, etwa $\pm 1\%$. Sobald die Kurven jedoch steiler verlaufen, wachsen notgedrungen auch die möglichen Abweichungen, was nicht so sehr darauf zurückzuführen ist, daß hier die gefundene Abhängigkeit nicht mehr genau bestätigt wird, als vielmehr darauf, daß eine gleiche Fehlerquelle bei der Bestimmung der flüchtigen Bestandteile (fl. Best.) größere Unterschiede im Ergebnis hervorruft, und daß gleichzeitig der Anteil der stets mit kleinen Bestimmungsfehlern behafteten fl. Best. wächst, während die Analyse selbst schwieriger wird. Bei den Braunkohlen mit ihrem hohen Gehalt an hygroskopischem Wasser und an fl. Best. wird die Trennung dieser beiden Bestandteile fast zur Unmöglichkeit, da schon während der Trocknung namhafte Mengen der fl. Best. abschwelen können, so daß man sich nicht auf die Ergebnisse einer Immediatanalyse verlassen kann.

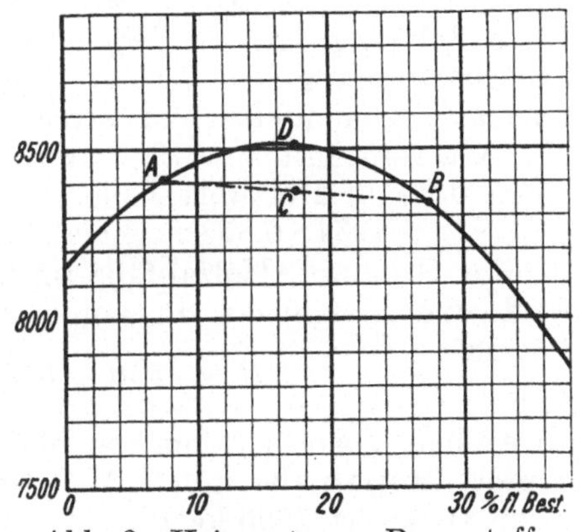


Abb. 3. Heizwert von Brennstoffmischungen.

Daß die Formeln nur auf natürliche Brennstoffe und nicht auf Brennstoffmischungen anwendbar sind, zeigt ein Blick auf Abb. 3. Eine Mischung von $50\%$ Magerkohle von $7,5\%$ fl. Best. und 8409 kcal/kg Heizwert (Punkt $A$) mit $50\%$ einer Fettkohle von $27,5\%$ fl. Best. und $H = 8336$ kcal/kg (Punkt $B$) ergibt naturgemäß trotz seines Gehaltes an fl. Best. von $17,5\%$ nur den Heizwert von $0,5 \cdot H_A + 0,5 \cdot H_B$ (Punkt $C$) und nicht den auf der Kurve liegenden Heizwert in Punkt $D$. De Jonge[1]) hat auch für Brennstoffmischungen Formeln entwickelt, die jedoch eine Kenntnis der Mischungsanteile voraussetzen.

Der Kurvenast von $0—5\%$ fl. Best. darf nicht auf Koks und ähnlichen künstlich erzeugten Brennstoff angewandt werden, da die bei der Herstellung solcher Brennstoffe auftretenden hohen Temperaturen eine Änderung der Kohlenstoffmodifikation hervorrufen. Da das Graphit nach Roth

---

[1]) A. a. O. S. 4 u. ff.

nur eine Verbrennungswärme von 7856 kcal/kg aufweist, ergibt sich ein entsprechend niedriger Koksheizwert, und zwar findet man ohne Rücksicht auf den Gehalt an fl. Best. die Verbrennungswärme des Reinkokses nach Roth zu 7966 kcal/kg mit größten Abweichungen von $\pm$ 10 kcal/kg.

Für Koks kann man als Mittel annehmen:
$$Q_r = 7970 \text{ kcal/kg}, \qquad (7)$$
$$H_r = 7934 \text{ kcal/kg}. \qquad (7\,\text{a})$$

Diese Zahlen geben die Möglichkeit, den Koksheizwert aus der Bestimmung des Wasser- und Aschengehaltes mit genügender Genauigkeit zu errechnen. Ein Koks also mit 5% Wassergehalt und 9% Aschengehalt besitzt demnach einen unteren Heizwert von
$$7934 \cdot 0,86 - 600 \cdot 0,05 = 6793 \text{ kcal/kg}.$$

Für Holz und Holzabfälle (insbesondere für Nadelhölzer) wird von Mekaniska Prövningsanstalten, Stockholm, die Formel
$$H = 4590 - 5190 \cdot \frac{f}{100} \qquad (8)$$

angegeben[1]), worin $f$ den Feuchtigkeitsgehalt in Prozent bedeutet. Holzabfälle mit 50% Wassergehalt haben demnach einen Heizwert 2000 kcal/kg.

Für die Brennstoffauswahl spielt der Brennstoffpreis und die Beschaffungsmöglichkeit eine ausschlaggebende Rolle. Wichtiger als der Preis der Gewichtseinheit ist der sog. Wärmepreis ($M$ pro $10^6$ kcal). Den eigentlichen Gebrauchswert indessen gibt der Wärmepreis auch noch nicht an, da es darauf ankommt, wie und mit welchen Unkosten sich die Brennstoffanfuhr ermöglichen läßt und mit welchen Wirkungsgraden der Brennstoff auf den vorhandenen oder zu erstellenden Feuerungen nutzbar gemacht werden kann, da ja der Brennstoff selbst nicht ohne Einfluß auf den Feuerungswirkungsgrad ist.

Zu diesen Gesichtspunkten treten bei der Auswahl der Brennstoffe noch einige andere, z. B. die Beurteilung des pyrometrischen Effektes, d. h. die erzielbare Höchsttemperatur, die besonders für Ofenbetriebe von höchster Wichtigkeit ist, sowie die Möglichkeit einer Brennstoff- und Luftvorwärmung oder sogar einer Verbrennung mit Sauerstoff oder sauerstoffangereicherter Luft, endlich aber auch die bei der Verfeuerung entstehenden Nebenkosten durch die Behandlung der Feuerungsrückstände[2]).

[1]) Vgl. H. Håkanson und H. Lundberg, Undersökningar på halvgasugnar. Ingeniörs Vetenskaps Akademien handl. Nr. 17. Ferner M. T. Lindhagen, Luftförvärmning vid förbränning av mindervärdiga bränslen, Medd. Nr. 25.

[2]) Vgl. W. Engel, „Die Separation von Feuerungsrückständen und ihre Wirtschaftlichkeit". Berlin 1925.

# II. Verbrennung.

## Theoretische Verbrennung fester und flüssiger Brennstoffe.

Zur rechnerischen Untersuchung der Verbrennung geht man von der Elementarzusammensetzung des Brennstoffes aus, indem man annimmt, daß die Verbrennung mit der theoretisch erforderlichen Sauerstoff- bzw. Luftmenge durchgeführt würde. Die 3 Grundgleichungen der Verbrennung fester und flüssiger Brennstoffe lauten:

$$C + O_2 = CO_2 \qquad (9)$$
$$1\ Mol + 1\ Mol = 1\ Mol$$

$$2 \cdot H_2 + O_2 = 2 \cdot H_2O \qquad (10)$$
$$2\ Mol + 1\ Mol = 2\ Mol$$

$$S + O_2 = SO_2 \qquad (11)$$
$$1\ Mol + 1\ Mol = 1\ Mol.$$

12 kg C (Gewicht eines Mol) werden in ein Mol $CO_2$ (Molvolumen $= 22,4\ nm^3$), 4 kg $H_2$ in zwei Mol $H_2O$ und 32 kg S in ein Mol $SO_2$ übergeführt unter einem Verbrauch von je 1 Mol Sauerstoff; daraus ergibt sich der Mindestsauerstoffbedarf in $nm^3/kg$ Brennstoff zu

$$O_{min} = \frac{22,4}{12} \cdot C + \frac{22,4}{32} \cdot S + \frac{22,4}{4} \cdot H_2 - \frac{22,4}{32} \cdot O_2\ nm^3/kg. \qquad (12)$$

Die Mindestluftmenge in $nm^3/kg$ ist

$$\left.\begin{aligned} L_{min} &= \frac{100}{21} \cdot O_{min} \\ &= 8,888\cdots C + 26,666\cdots H_2 - 3,333\,(O_2 - S)\ [nm^3/kg]. \end{aligned}\right\} \quad (13)$$

In gleicher Weise findet man das theoretische Rauchgasvolumen in $nm^3/kg$ zu

$$\left.\begin{aligned} V_{min} &= \underbrace{1,8666\ldots C}_{CO_2} + \underbrace{0,7\ S}_{SO_2} + \underbrace{11,2 \cdot H_2 + 1,244 \cdot H_2O}_{H_2O} \\ &+ \underbrace{0,79 \cdot L_{min}}_{N_2} + 0,8 \cdot N_2\,[nm^3/kg]. \end{aligned}\right\} \quad (14)$$

Bei Verbrennung mit Luftüberschuß (Luftüberschußzahl $n$) ist die zugeführte Luftmenge in $nm^3/kg$

$$L = n \cdot L_{min}\,[nm^3/kg] \qquad (15)$$

und die Rauchgasmenge in $nm^3/kg$

$$V = V_{min} + \underbrace{(n-1) \cdot 0,21 \cdot L_{min}}_{O_2} + \underbrace{(n-1) \cdot 0,79 \cdot L_{min}}_{zu\ N_2}[nm^3/kg] \qquad (16)$$

Die Formeln (16) und (14) können gleichzeitig zur Ermittlung der Rauchgaszusammensetzung in Volumprozent dienen, aus diesem Grund sind sie anderen möglichen Verbrennungsgleichungen (z. B. Ergebnisse in kg/kg) vorzuziehen[1]). Man kann indessen auch den Luftbedarf und die Rauchgasgewichte in kg/kg Brennstoff ausdrücken und erhält:

$$L_{min} = 11{,}494 \cdot C + 34{,}483 \cdot H_2 - 4{,}310 \, (O_2 - S) \ \text{kg/kg} \qquad (17)$$

$$L_n = n \cdot L_{min} \, [\text{kg/kg}] \qquad (18)$$

für das Rauchgasgewicht:

$$G = 1 - A + L_{min} \, [\text{kg/kg}] \qquad (19)$$

und bei der Luftüberschußzahl $n$:

$$G_n = 1 - A + n \cdot L_{min} \, [\text{kg/kg}]^2). \qquad (20)$$

$A$ bedeutet darin den Aschengehalt des Brennstoffs.

### Theoretische Verbrennung gasförmiger Brennstoffe.

Gase enthalten an brennbaren Bestandteilen in erster Linie CO, $H_2$ und Kohlenwasserstoffe von der allgemeinen Formel $C_xH_y$. Die Verbrennung vollzieht sich — unter Weglassung aller Zwischenprodukte der Verbrennung — nach folgendem Schema:

$$2 \cdot H_2 + O_2 = 2 \cdot H_2O \qquad (21)$$
$$2 \, \text{Mol} + 1 \, \text{Mol} = 2 \, \text{Mol},$$

$$2 \cdot CO + O_2 = 2 \cdot CO_2 \qquad (22)$$
$$2 \, \text{Mol} + 1 \, \text{Mol} = 2 \, \text{Mol},$$

$$C_xH_y + \left(x + \frac{y}{4}\right) \cdot O_2 = x \cdot CO_2 + \frac{y}{2} \cdot H_2O. \qquad (23)$$

Daraus ergeben sich Sauerstoffbedarf und Rauchgasvolumen folgendermaßen:

$$O_{min} = 0{,}5 \cdot CO + \left(x + \frac{y}{4}\right) \cdot C_xH_y + 0{,}5 \cdot H_2 - O_2 \, [\text{nm}^3/\text{nm}^3] \qquad (24)$$

$$L_{min} = \frac{100}{21} \cdot O_{min} = 4{,}762 \cdot O_{min} \, [\text{nm}^3/\text{nm}^3], \qquad (25)$$

$$V_{min} = CO + \underbrace{CO_2 + x \cdot C_xH_y}_{CO_2} + \underbrace{\frac{y}{2} \cdot C_xH_y + H_2 + H_2O}_{H_2O}$$
$$+ \underbrace{N_2}_{N_2} + 0{,}79 \cdot L_{min} \, [\text{nm}^3/\text{nm}^3]. \qquad (26)$$

---

Formel (26) dient gleichzeitig zur Ermittlung der volumetrischen Zusammensetzung.

Bei Verbrennung mit Luftüberschuß gelten wiederum die Formeln (15) und (16), nur ist die Dimension dann ebenfalls [nm$^3$/nm$^3$].

## Verbrennung mit Luftüberschuß.

Diese einfache rechnerische Verfolgung des theoretischen Verbrennungsvorganges genügt, um mit Hilfe einiger sehr einfacher Gleichungen alle Angaben über Rauchgasmenge, Rauchgaszusammensetzung, spez. Volumen und Gewicht, Wärmeinhalt der Rauchgase usw. bei irgendeinem Luftüberschuß machen zu können. Man braucht sich dabei nur zu vergegenwärtigen, daß die brennbaren Bestandteile des Brennstoffes unter Verbrauch der theoretischen Sauerstoffmenge nur zu den soeben errechneten Verbrennungsprodukten verbrennen können, und daß sich der Luftüberschuß unverändert, dem theoretischen Rauchgas zugemischt, wiederfinden muß.

Das Rauchgas bei Luftüberschuß vom Volumen $V_n$ wird also als eine Mischung des theoretischen Rauchgasvolumens $V$ mit dem Luftüberschuß $(n-1) \cdot L$ aufgefaßt, und sein Volumen ist eine lineare Funktion von der Luftüberschußzahl $n$ nach der Gleichung

$$V_n = V + (n-1) \cdot L \qquad (27\,\mathrm{a})$$

oder, um den in allen Gleichungen wiederkehrenden, für den Brennstoff und die betreffende Luftüberschußzahl $n$ charakteristischen Wert

$$C_n = (n-1) \cdot \frac{L}{V}, \qquad (28)$$

der seinerseits eine lineare Funktion von $n$ ist, einzuführen:

$$V_n = V\,(1 + C_n). \qquad (27\,\mathrm{b})$$

Enthält das theoretische Rauchgas $k$ % $CO_2$ und sieht man von dem geringen Kohlensäuregehalt der Luft ab, wie dies bei feuerungstechnischen Rechnungen üblich ist, so bleibt bei jedem beliebigen Luftüberschuß das Kohlensäurevolumen $\frac{k}{100} \cdot V$ konstant, während der Prozentgehalt nach einer hyperbolischen Kurve auf $k_n$ sinkt. Aus der Beziehung

$$\frac{k_n}{100} = \frac{\frac{k}{100} \cdot V}{V_n}$$

und Gleichung (27b) ergibt sich

$$k_n = \frac{k}{1 + C_n}. \qquad (29)$$

Ist außerdem ein konstanter Betrag an $CO_2$, z. B. bei Gasen, vorhanden, so wird die Gleichung (29) nur auf die aus der Verbrennung

stammende Kohlensäure angewendet und der konstante Betrag
jeweils addiert. In gleicher Weise wird der Prozentgehalt der anderen
Gasbestandteile ermittelt; z. B. ergibt sich der Gehalt an Wasserdampf, wenn man die Luftfeuchtigkeit vernachlässigt, zu

$$w_n = \frac{w}{1 + C_n} . \tag{30}$$

Der $CO_2$-Gehalt, bezogen auf trockenes Rauchgas, der, wie erwähnt,
vom Rauchgasprüfer angegeben wird, wird aus der Beziehung

$$k'_n = \frac{k_n \cdot V_n}{V_n - w_n \cdot V_n} ,$$

$$k'_n = \frac{k_n}{1 - w_n} \tag{31}$$

gefunden. Umgekehrt kann man aus den Gleichungen (27b) und (29)
die zu einem bestimmten $CO_2$-Gehalt gehörige Luftüberschußzahl
ermitteln zu

$$n = 1 + \frac{\left(\dfrac{k}{k_n} - 1\right)}{\left(\dfrac{L}{V}\right)} \tag{32 a}$$

oder den Luftüberschuß in Prozent zu

$$L_{ü} = \frac{\dfrac{k}{k_n} - 1}{\left(\dfrac{L}{V}\right)} \cdot 100 . \tag{32 b}$$

Bei den Bestandteilen, die von der Überschußluft mitgebracht werden
($0{,}79 \cdot N_2 + 0{,}21 \cdot O_2$), ist zu beachten, daß hier auch der Betrag
des absoluten Volumens im Rauchgas verändert wird. Beim Stick-
stoff z. B. wird zu dem Stickstoffvolumen $\dfrac{N_2}{100} \cdot V$ (wenn $N_2$ den
Stickstoffprozentgehalt im theoretischen Rauchgas bedeutet) das
Volumen $0{,}79 \, (n - 1) \cdot L$ addiert, woraus sich der Stickstoffgehalt
bei der Luftüberschußzahl $n$ unter Berücksichtigung der Gleichung
(27b) zu

$$N_{2n} = \frac{N_2 + 79 \cdot C_n}{1 + C_n} \tag{33}$$

und der Sauerstoffgehalt analog zu

$$O_{2n} = \frac{21 \cdot C_n}{1 + C_n} \tag{34}$$

ergibt. Analog wie bei der Kohlensäure wird mit solchen Beträgen
an Stickstoff und Sauerstoff verfahren, die aus dem Brennstoff (bei
Gasen) stammen.

Der Wärmeinhalt des theoretischen Rauchgases ist bei
der Temperatur $t$

$$(C_{pm})_0^t \cdot V \cdot t ,$$

der Wärmeinhalt der überschüssigen Luft

$$J_l = (C_{pl})_0^t \cdot (n - 1) \cdot L \cdot t ;$$

daraus ergibt sich wieder unter Berücksichtigung der Gleichung (27b):

$$J_n = [(C_{pm})_0^t + (C_{pl})_0^t \cdot C_n] \cdot t . \tag{35}$$

Für die Rechnung ist es in einzelnen Fällen bequemer, den Wärmeinhalt des theoretischen Rauchgases $J$ und der theoretischen Luftmenge $J_l$ bei einer bestimmten Temperatur $t$ und den Wärmeinhalt bei der Luftüberschußzahl $n$ zu ermitteln aus

$$J_n = J + (n - 1) \cdot J_l . \tag{36}$$

Das spez. Gewicht und der reziproke Wert, das spez. Volumen $v = \dfrac{1}{\gamma}$, kann aus der allgemeinen Zustandsgleichung der Gase ermittelt werden[1]). In dieser Gleichung

$$p \cdot v = R T$$

ist $p = 1\ \text{atm} = 10\,334\ \text{kg/m}^2$,

$T = t + 273$, die absolute Temperatur und

$R \cong \dfrac{848}{\sum v \cdot m}$, die Gaskonstante, die durch Division der Zahl 848 durch die Summe aller Volumina der Einzelbestandteile des Gases mal ihrem Molekulargewicht gefunden wird. Es ist also

$$\gamma_{0°,\,1\,\text{atm}} = \frac{10\,334}{273} \cdot \frac{1}{R} = \frac{37,85}{R} \tag{37}$$

das spez. Gewicht des theoretischen Rauchgases bei 0° und 1 atm, und wenn $\gamma_l$ das spez. Gewicht der Luft unter denselben Bedingungen bedeutet, so wird das spez. Gewicht des Rauchgases beim Luftüberschuß $n$ nach dem Mischungsgesetz:

$$\gamma_n = \frac{\gamma + C_n \cdot \gamma_l}{1 + C_n} . \tag{38}$$

Bei einer beliebigen absoluten Temperatur $T$ ist

$$\gamma_{n_T} = \gamma_n \cdot \frac{273}{T} . \tag{39}$$

Damit sind alle Größen durch wenige sehr einfache Gleichungen bei allen Luftüberschüssen bekannt und können, nachdem man die Brennstoffcharakteristik

$$C = \frac{L}{V}$$

und

$$C_n = (n - 1) \cdot \frac{L}{V}$$

einmal ermittelt hat, durch wenig Rechenarbeit gefunden werden.

---

[1]) Vgl. Abschnitt VII, S. 16.

## Zahlenbeispiel.

Zur Erläuterung sei als Zahlenbeispiel die Verbrennung der durch folgende Elementaranalyse gegebenen Steinkohle durchgerechnet:

74,0 % C, 4,6 % $H_2$, 9,0 % $O_2$, 1,0 % $N_2$, 1,0 % S, 3,8 % $H_2O$. 6,6 % Asche.   $H_u = 7000$ kcal/kg.

Nach Gleichung (13) ist

$$L_{min} = 8{,}889 \cdot 0{,}74 + 26{,}667 \cdot 0{,}046 - 3{,}333 \, (0{,}090 - 0{,}010)$$
$$= 6{,}578 + 1{,}227 - 0{,}267 = 7{,}538 \ \text{nm}^3/\text{kg}.$$

Nach Gleichung (14) ist

$$V_{min} = \underbrace{1{,}867 \cdot 0{,}74}_{CO_2} + \underbrace{0{,}7 \cdot 0{,}010}_{SO_2} + \underbrace{11{,}2 \cdot 0{,}046 + 1{,}244 \cdot 0{,}038}_{H_2O}$$
$$+ \underbrace{0{,}79 \cdot 7{,}538 + 0{,}8 \cdot 0{,}010}_{N_2}$$
$$= 1{,}382 + 0{,}007 + 0{,}515 + 0{,}047 + 5{,}955 + 0{,}008$$
$$= 7{,}914 \ \text{nm}^3/\text{kg}\,.$$

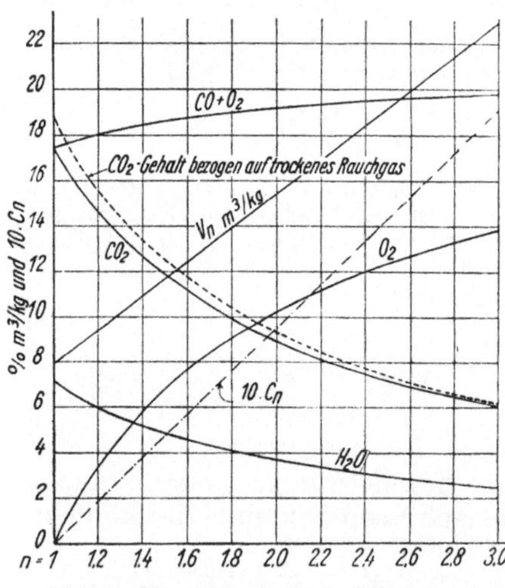


Abb. 4. Charakteristische Kurven einer Steinkohle von $H_u = 7000$ kcal/kg.

Die Gaszusammensetzung wird ermittelt, indem man die in Gleichung (14) jeweils durch Klammer bezeichneten oder zusammengezogenen Glieder durch die Summe dividiert. Man erhält also:

| | | |
|---|---|---|
| 1,382 nm³ $CO_2$ = | 17,46 % | $CO_2$ |
| 0,007 nm³ $SO_2$ = | 0,09 % | $SO_2$ |
| 0,562 nm³ $H_2O$ = | 7,10 % | $H_2O$ |
| 5,963 nm³ $N_2$ = | 75,35 % | $N_2$ |
| 7,914 n m³ | = 100,00 % | |

Das trockene Rauchgasvolumen beträgt:

$$V_{tr} = 7{,}914 - 0{,}562$$
$$= 7{,}352 \ \text{nm}^3/\text{kg}$$

und der $CO_2$-Gehalt, bezogen auf trockenes Gas, $\dfrac{1{,}382}{7{,}352}$ = 18,80 %. Dies wäre auch die Angabe eines Orsat-Apparates oder ähnlicher Instrumente, da sich das Verbrennungswasser durch die Gasabkühlung in den langen Zuleitungen und in dem meist vorgeschalteten Gasfilter niederschlägt.

Es ist ferner der Wert $C = \dfrac{L}{V} = 0{,}9525$ und für trockenes Gas $C' = \dfrac{L}{V} = 1{,}0253$. Daraus ergeben sich nach obigen Ableitungen für die Verbrennung mit Luftüberschuß die folgenden Werte:

Zahlentafel 2.

| $n$ | $C_n$ | $V_n$ | $CO_2$-Gehalt % | $O_2$-Gehalt % | $H_2O$-Gehalt % | $CO_2$-Gehalt, bezogen auf trocknes Gas % |
|---|---|---|---|---|---|---|
| 1,0 | 0 | 7,914 | 17,46 | 0 | 7,10 | 18,80 |
| 1,1 | 0,0953 | 8,668 | 15,94 | 1,83 | 6,48 | 17,05 |
| 1,2 | 0,1905 | 9,422 | 14,67 | 3,36 | 5,96 | 15,60 |
| 1,4 | 0,3810 | 10,929 | 12,65 | 5,80 | 5,14 | 13,34 |
| 1,6 | 0,5715 | 12,437 | 11,11 | 7,64 | 4,52 | 11,64 |
| 1,8 | 0,7620 | 13,944 | 9,91 | 9,09 | 4,03 | 10,33 |
| 2,0 | 0,9525 | 15,452 | 8,94 | 10,25 | 3,64 | 9,28 |
| 2,2 | 1,1430 | 16,960 | 8,15 | 11,21 | 3,32 | 8,43 |
| 2,4 | 1,3335 | 18,467 | 7,48 | 12,01 | 3,05 | 7,72 |
| 2,6 | 1,5240 | 19,975 | 6,92 | 12,68 | 2,82 | 7,12 |
| 2,8 | 1,7145 | 21,483 | 6,43 | 13,27 | 2,62 | 6,50 |
| 3,0 | 1,9050 | 22,990 | 6,01 | 13,78 | 2,45 | 6,16 |

Die Kurve für $O_2$ kann auch für andere Brennstoffe unmittelbar zur Bestimmung des Luftüberschusses aus der Sauerstoffbestimmung im Abgas benutzt werden.

Das spez. Gewicht ist bei $n = 1$ $\gamma = 1,344$, bei $n = 2$ $\gamma = 1,319$ und bei $n = 3$ $\gamma = 1,311$ kg/m³, bezogen auf 0° 760 mm[1]).

### Unvollkommene Verbrennung.

Tritt unvollkommene Verbrennung ein, d. h. erscheint ein Teil $a$ des Kohlenstoffes, der nicht zu $CO_2$, sondern nur zu CO verbrannt oder reduziert ist, als CO im Abgas und bleibt ein anderer Teil $b$ des vorhandenen Kohlenstoffes als Kohlenstoff (Ruß, Flugkoks und in den Herdrückständen) bestehen, so vermindert sich die entsprechende $CO_2$-Menge um das Maß (in nm³)

$$(a + b) \cdot 1,866 \cdot C \,. \tag{40}$$

Die entstehende CO-Menge beträgt in nm³

$$a \cdot 1,866 \cdot C \tag{41}$$

und der Sauerstoffminderverbrauch

$$\frac{1,866}{2} \cdot a \cdot C + 1,866 \cdot b \cdot C = 1,866 \cdot C\left(\frac{a}{2} + b\right) . \tag{42}$$

Um das entsprechende Maß verkleinert sich die Luftmenge, oder aber bei Zuführung der theoretisch zur vollkommenen Verbrennung notwendigen Sauerstoffmenge vergrößert sich der Luftüberschuß. Am $CO_2$-Gehalt der Abgase lassen sich

---

[1]) Siehe auch S. 35, Abb. 11.

diese Verhältnisse nicht erkennen, CO kann durch Absorption oder Verbrennung nachgewiesen werden, der C-Verlust jedoch nicht[1]).

### Die Verbrennung in Kalk- und Zementöfen.

Nicht immer lassen sich die Abgasmengen, ihre Zusammensetzung usw. nur aus dem Brennstoff und der zugeführten Verbrennungsluft berechnen, in vielen Fällen nimmt auch das Ofengut an den chemischen Umsätzen teil und muß rechnerisch entsprechend berücksichtigt werden. Das Beispiel eines Zementdrehofens soll dies veranschaulichen.

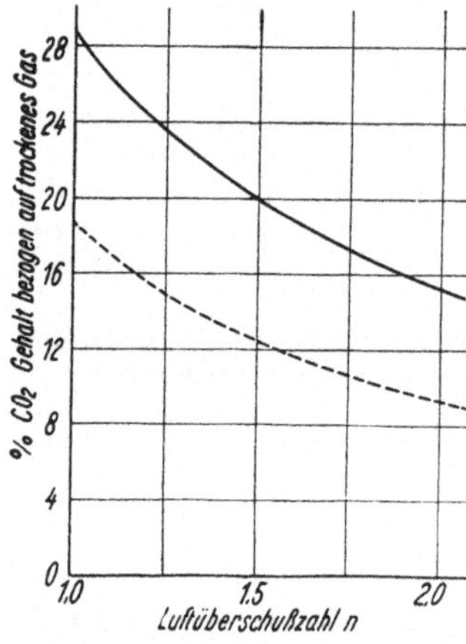


Abb. 5. $CO_2$-Gehalt von Zementofen-Abgasen in Abhängigkeit vom Luftüberschuß. (Kohlenanalyse nach S. 22 4,26 kg $CaCO_3$ kg Kohle.)

In einem Drehofen zur Erzeugung von 3500 kg/h Zementklinker werden 1 t/h Kohle von $H_u = 7000$ kcal/kg verfeuert. Für je 100 kg Zementklinker werden 160 kg Rohmehl mit einem $CaCO_3$-Gehalt von 76% aufgegeben. Das sind:

$$\frac{3500 \cdot 1,6 \cdot 0,76}{1000} = 4,26 \text{ kg } CaCO_3$$

je kg Kohle. Der Wassergehalt des Rohmehles betrage 15%, das sind

$$\frac{3500 \cdot 1,6 \cdot 0,15}{1000} = 0,84 \text{ kg } H_2O \text{ je}$$

kg Kohle. Neben den Vorgängen der Verbrennung findet nun eine Trocknung und die Kohlensäureaustreibung aus dem Kalk statt nach folgender Gleichung:

$$CaCO_3 = CaO + CO_2 \tag{43}$$
$$100 \text{ kg} = 56 \text{ kg} + 44 \text{ kg } (22,4 \text{ nm}^3)$$

d. h., 1 kg $CaCO_3$ ergibt $\dfrac{22,4}{100} = 0,224$ nm³ $CO_2$.

$$H_2O_{fl} = H_2O_{gasf} \tag{44}$$
$$18 \text{ kg} = 22,4 \text{ nm}^3,$$

d. h., 1 kg $H_2O_{fl}$ ergibt $\dfrac{22,4}{18} = 1,244$ nm³ $H_2O_{gasf}$.

---

[1]) Vgl. Feuerungstechn. XV (1927), 8, S. 85—88. Gumz, „Der Kohlenstoffverlust".

Dadurch vergrößert sich das theoretische Rauchgasvolumen von 7,91 nm³/kg auf 9,99 nm³/kg, der $CO_2$-Gehalt, bezogen auf trockenes Gas, von 18,8% auf 28,9%. Den Verlauf des $CO_2$-Gehaltes in Abhängigkeit von der Luftüberschußzahl zeigt Abb. 5. Die gestrichelte Kurve gibt den Verlauf an, der sich durch die Verbrennung der Kohle allein ergibt. Für die Beurteilung der Verbrennung ist daher die Kenntnis des $CaCO_3$-Gehaltes je kg Kohle (durch Kontrolle der Kohlen- und Rohmehlmengen sowie des $CaCO_3$-Gehaltes des Rohmehles) notwendige Voraussetzung.

## Verbrennung mit Sauerstoff und sauerstoffangereicherter Luft.

In den bisherigen Rechnungen war in Übereinstimmung mit der heutigen Praxis stets damit gerechnet, daß der notwendige Sauerstoff für die Verbrennungsreaktion von der Luft (mit 21% $O_2$) geliefert wird. Es besteht jedoch technisch

Zahlentafel 3.

| Sauerstoff-gehalt der Luft $u$ | $\varepsilon = \dfrac{1-u}{u}$ | Sauerstoff-zugabe $x$ nm³/nm³ | Kohle von 7000 kcal/g | | |
|---|---|---|---|---|---|
| | | | Luftmenge nm³ | Sauerstoff-menge nm³ | Menge der angereicherten Luft nm³ |
| 21% | 3,762 | 0,0000 | 7,535 | 0,000 | 7,535 |
| 25% | 3,000 | 0,0533 | 6,009 | 0,321 | 6,330 |
| 30% | 2,333 | 0,1286 | 4,673 | 0,601 | 5,274 |
| 35% | 1,857 | 0,2154 | 3,720 | 0,801 | 4,521 |
| 40% | 1,500 | 0,3167 | 3,005 | 0,951 | 3,956 |
| 45% | 1,222 | 0,4364 | 2,448 | 1,068 | 3,516 |
| 50% | 1,000 | 0,5800 | 2,003 | 1,162 | 3,165 |
| 60% | 0,667 | 0,9750 | 1,335 | 1,302 | 2,637 |
| 70% | 0,429 | 1,6333 | 0,859 | 1,402 | 2,261 |
| 80% | 0,250 | 2,9500 | 0,501 | 1,477 | 1,978 |
| 90% | 0,111 | 6,9000 | 0,222 | 1,536 | 1,758 |
| 100% | 0,000 | $\infty$ | 0,000 | 1,5824 | 1,5824 |

und, bei einer entsprechenden Entwicklung der Sauerstofferzeugung, auch wirtschaftlich die Möglichkeit, die Verbrennungsluft durch Zugabe von Sauerstoff anzureichern, wodurch sich Gas- und Luftmengen, wie auch Gaszusammensetzung und Verbrennungstemperatur erheblich ändern. Der Wegfall des ganzen oder eines Teiles des jetzt im Verbrennungsprozeß auftretenden Stickstoffballastes bedeutet neben der Temperatursteigerung gleichzeitig eine Verbesserung der Gasstrahlungseigenschaften, woraus sich notwendigerweise

eine Umwälzung in der konstruktiven Gestaltung der Wärme-
austauscher (Dampfkessel usw.) ergibt. Ein anderes An-
wendungsgebiet wäre die Bewältigung von Spitzenleistungen
der Feuerungen durch vorübergehende Sauerstoffanreiche-
rung, während der notwendige Sauerstoff in den Belastungs-
tälern (besonders während der Nachtzeit) erzeugt und evtl.
unter Druck in geeigneten Behältern gespeichert werden

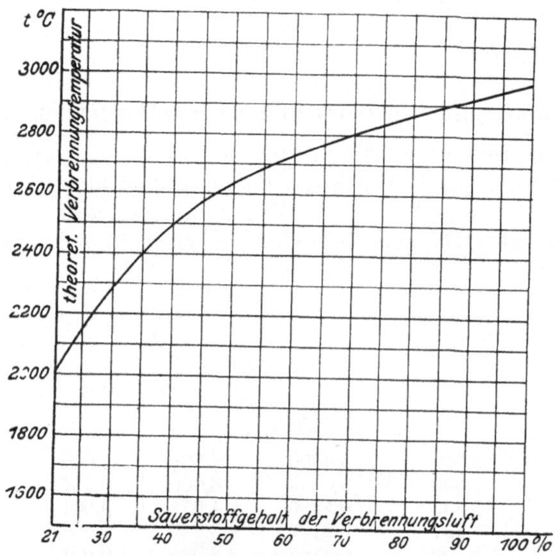


Abb. 5a. Theoretische Verbrennungstemperatur einer Steinkohle von
7000 kcal/kg bei verschiedenem Sauerstoffgehalt der Verbrennungsluft unter Berücksichtigung der Dissoziation. (Der Nullpunkt ist
unterdrückt.)

könnte[1]). Endlich sei auf die Möglichkeiten der Sauerstoff-
anreicherung bei metallurgischen und Vergasungsvorgängen
hingewiesen.

Eine Ableitung und rechnerisch-graphische Behandlung
der Verbrennung mit sauerstoffangereicherter Luft ist an
anderer Stelle[2]) gegeben. Danach ergeben sich die in Zahlentafel 3 angegebenen Luftverhältnisse und theoretischen Verbrennungstemperaturen gemäß Abb. 5a.

---

[1]) DRPa.
[2]) Gumz, „Die Verbrennung mit sauerstoffangereicherter Luft",
Feuerungstechn. XVI (1928), 7 u. 8, S. 73—76 u. 88—90.

### Ermittlung des Rauchgasvolumens aus der Elementarzusammensetzung und dem $CO_2$-Gehalt[1].

Feste und flüssige Brennstoffe:

$$V = \frac{1{,}866 \cdot 100\, C_o}{k_1 + k_2 + ch} + 11{,}2 \cdot H_2 + 1{,}244 \cdot H_2O$$

$$- \frac{1{,}866 \cdot C_o \cdot (h + 2\,ch)}{k_1 + k_2 + ch} \quad [\text{nm}^3/\text{kg}]. \tag{45}$$

Bei vollkommener Verbrennung vereinfacht sich dieser Ausdruck in

$$V = \underbrace{\frac{1{,}866 \cdot 100 \cdot C}{k_1}}_{\text{trocknes Rauchgas}} + \underbrace{11{,}2\, H_2 + 1{,}244\, H_2O}_{\text{Wasserdampf}} \quad [\text{nm}^3/\text{kg}]. \tag{46}$$

Darin bedeutet C den Kohlenstoffgehalt, $C_o$ den wirklich verbrannten Kohlenstoffgehalt, $H_2$ den Wasserstoffgehalt, $H_2O$ den Wassergehalt des Brennstoffs (als Bruchteile von 1) und $k_1$ den $CO_2$-Gehalt, $k_2$ den CO-Gehalt, $ch$ den Gehalt an Kohlenwasserstoffen und $h$ den Wasserstoffgehalt des Rauchgases in %. Also z. B.: Eine Kohle mit 75 % C, 5 % H und 6 % $H_2O$ wird vollkommen verbrannt und 13 % $CO_2$ erzielt, ohne sonstige Verluste an Kohlenstoff und unverbrannten Gasen. Nach Gleichung (46) ist dann:

$$V = \frac{1{,}866 \cdot 100 \cdot 0{,}75}{13} + 11{,}2 \cdot 0{,}05 + 1{,}244 \cdot 0{,}06 = 11{,}404 \ \text{nm}^3/\text{kg}.$$

Gasförmige Brennstoffe:

$$V = \frac{CO_2 + CO + C_xH_y}{k_1 + k_2 + x \cdot c_xh_y} \cdot 100 + H_2 + \frac{y}{2}C_xH_y + W$$

$$- \frac{(CO_2 + CO + C_xH_y)\left(h + \frac{y}{2}c_xh_y\right)}{k_1 + k_2 + x \cdot c_xh_y} \quad [\text{nm}^3/\text{nm}^3] \tag{47}$$

und bei vollkommener Verbrennung

$$V = \frac{CO_2 + CO + C_xH_y}{k_1 + k_2 + x \cdot c_xh_y} \cdot 100 + H_2 + \frac{y}{2}C_xH_y + W \,[\text{nm}^3/\text{nm}^3]. \tag{48}$$

### Ermittlung des Luft- und Rauchgasvolumens aus dem Heizwert, der Luftüberschußzahl oder dem $CO_2$-Gehalt. Ableitung empirischer Formeln.

Geben die bisher zusammengestellten Formeln für Luft- und Rauchgasmengen genaue Ergebnisse, so haben sie doch

---

[1] Nach Prof. Eberle, „Richtlinien für die Auswertung der Ergebnisse der Feuerungsuntersuchung". Arch. Wärmewirtsch. 6 (1925), S. 326 und 7 (1926), S. 287—291.

den Nachteil, daß sie Kenntnis der Elementarzusammensetzung voraussetzen, die bei den meisten feuerungstechnischen Rechnungen der Praxis nicht gegeben ist, da derartige Analysen nur mit einem erheblichen Aufwand an Zeit und Geld zu erlangen sind. Für sehr viele praktische Fälle ist es daher wünschenswert, die notwendigen Voraussetzungen feuerungstechnischer Rechnungen einzuschränken und besonders die kostspielige Elementaranalyse auszuschalten.

### Gas- und Luftmengen und Gewichte fester Brennstoffe.

Sehr einfach ist die Aufgabe, Gas- und Luftmengen bei bekanntem unterem Heizwert anzugeben, die empirisch sehr gut durch gerade Linien darstellbar sind. Durch Auftragung einer ganzen Reihe von Brennstoffen (nach Hütte I [25. Aufl.], S. 872) findet man, gültig für alle festen Brennstoffe, für das Rauchgasvolumen in nm³ je Kilogramm aschefreien Brennstoff

$$V = 1,375 + 0,95 \frac{H_u}{1000} \,[\mathrm{nm^3/kg}] \qquad (49)$$

und für die theoretische Verbrennungsluftmenge in nm³/kg[1])

$$L = 0,5 + 1,012 \frac{H_u}{1000} \,[\mathrm{nm^3/kg}]. \qquad (50)$$

Bei der Luftüberschußzahl $n$ ist dann

$$V_n = V + (n - 1) \cdot L \,[\mathrm{nm^3/kg}] \qquad (27a)$$

und

$$L_n = n \cdot L \,[\mathrm{nm^3/kg}]. \qquad (15)$$

Das Rauchgasgewicht (in kg/kg Brennstoff) erhält man, gültig für alle festen Brennstoffe mit der Ausnahme von Zellulose und Holz, nach den Formeln:

Luftgewicht:

$$L_g = 0,984 + 1,092 \cdot \frac{H_u}{1000} + 0,024 \left(\frac{H_u}{1000}\right)^2 [\mathrm{kg/kg}], \qquad (51)$$

Gasgewicht:

$$G_g = 1 + L_g = 1,984 + 1,092 \cdot \frac{H_u}{1000} + 0,024 \left(\frac{H_u}{1000}\right)^2 [\mathrm{kg/kg}] \quad (52)$$

---

[1]) Ähnliche Formeln sind bereits von Prof. Dr. Rosin, VDI. 71 (1927), 12, S. 384, angegeben worden, die jedoch eine etwas größere Abweichung vom Sollwert ergeben. Ferner in etwas anderer Form in P. Rosin und R. Fehling „Das $Jt$-Diagramm der Verbrennung", Berlin 1929.

und bei der Luftüberschußzahl $n$

$$L_n = n \cdot L_g, \tag{53}$$

$$G_n = n \cdot L_g + 1. \tag{54}$$

Nur für Steinkohle gelten die einfacheren Formeln:

$$L_g = 1{,}633 \, \frac{H_u}{1000} - 1{,}883 \, [\text{kg/kg}], \tag{55}$$

$$G_g = 1{,}633 \, \frac{H_u}{1000} - 0{,}833 \, [\text{kg/kg}]. \tag{56}$$

Bei Holz, Zellulose und jüngerem Torf (im Bereich von $H_u = 3$ bis $5000$ kcal/kg) kann man setzen:

$$L_g = 0{,}126 + 1{,}289 \, \frac{H_u}{1000} \, [\text{kg/kg}], \tag{57}$$

$$G_g = 1{,}126 + 1{,}289 \, \frac{H_u}{1000} \, [\text{kg/kg}]. \tag{58}$$

Streng genommen gelten Formel (49) bis (58) nur für aschefreien Brennstoff, bei $a\%$ Aschegehalt ist das Volumen nur

$$V_a = (1 - a) \cdot V, \tag{59}$$

wobei jedoch $V$ eine Funktion des Heizwertes der aschefreien Substanz ist.

Beispiel: Eine Kohle von 6400 kcal/kg und 12% Asche besitzt einen Heizwert der aschefreien Substanz von

$$\frac{6400}{0{,}88} = 7270 \, \text{kcal/kg}$$

und ihr Rauchgasvolumen beträgt nach Gleichung (49) und (59)

$$V = 0{,}88 \, (1{,}375 + 0{,}95 \cdot 7{,}270) = 7{,}29 \, \text{nm}^3/\text{kg}.$$

Näherungsweise, insbesondere wenn der Aschengehalt unbekannt ist, kann man unter Vernachlässigung des Aschengehaltes setzen:

$$V = 1{,}375 + 0{,}95 \cdot 6{,}400 = 7{,}46 \, \text{nm}^3/\text{kg},$$

womit man einen Fehler von etwa 2,3% macht. 10—12% Aschengehalt ist also ungefähr die Grenze, bis zu der man eine derartige Näherung als zulässig ansehen kann.

Nicht so einfach liegt der Fall, wenn nicht der Luftüberschuß, sondern nur der $CO_2$-Gehalt (in Prozenten, bezogen auf trockenes Rauchgas) bekannt ist, wie dies bei Kessel- und Feuerungsuntersuchungen stets der Fall ist. Der Rückschluß auf den Luftüberschuß ist zwar durch die $O_2$-Bestimmung nach der Formel

$$n = \frac{21}{21 - O_2} \tag{60}$$

möglich, jedoch ist diese Bestimmung schon schwierig, häufig mit großen Meßfehlern behaftet, und wird im normalen Betrieb — etwa durch Registrieranzeige — nicht gemacht, während doch $CO_2$-Schreiber schon sehr häufig anzutreffen sind. Es besteht daher ein Bedürfnis, das Rauchgasvolumen nur aus dem Heizwert und dem $CO_2$-Gehalt herleiten zu können.

Der $CO_2$-Gehalt, bezogen auf trockenes Rauchgas, wird beeinflußt durch den maximalen Kohlensäuregehalt des betreffenden Brennstoffs, der sich empirisch ergibt durch die Gleichung

$$k = 2,9383 \cdot (H_u)^{0,2} \qquad (61)$$

und durch den Wassergehalt des theoretischen Rauchgases, der etwa nach der Gleichung

$$w = 3330,6 \cdot (H_u)^{-1,2} \qquad (62)$$

verläuft. Bezeichnet man den $CO_2$-Gehalt des trockenen Rauchgases bei der Luftüberschußzahl $n$ mit $k_n' = CO_2$, so ist

$$V_n = V + (n - 1) \cdot L,$$

$$(n - 1) = \frac{k \cdot V}{L \cdot k_n'} - \frac{(1 - w) V}{L} {}^1),$$

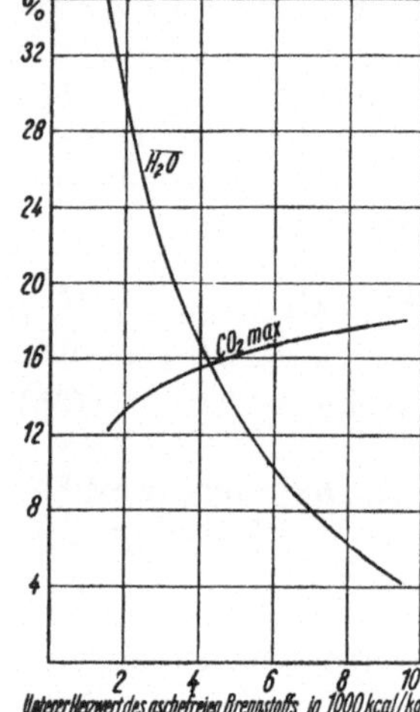


Abb. 6. Maximaler Kohlensäure- und Wassergehalt im theoretischen Abgas in Abhängigkeit vom Heizwert des aschefreien Brennstoffs.

und daraus ergibt sich durch einfache Umformungen

$$V_n = V\left(w + \frac{k}{k_n'}\right),$$

wobei

$$V = a + b \cdot H_u$$

eine Funktion des unteren Heizwertes ist.

Nach der Zusammenziehung aller Konstanten erhält man die Gleichung:

$$V_n = A + \frac{B}{k_n'} .$$

**Nach Einführung der Zahlenwerte nach Gleichung (49), (61) und (62)**

$$V_n = 4579,575 \cdot H_u^{-1,2} + 3,16407 \cdot H_u^{-0,2} \\ + \frac{4,0402 \cdot H_u^{0,2} + 0,00279 \cdot H_u^{1,2}}{CO_2} \; [\text{nm}^3/\text{kg}]. \qquad (63)$$

Da die rechnerische Auswertung dieser Gleichung etwas mühevoll ist, sind die Ergebnisse in Abb. 7 zeichnerisch dargestellt und

---

[1] Vgl. Gleichung (122) S. 48.

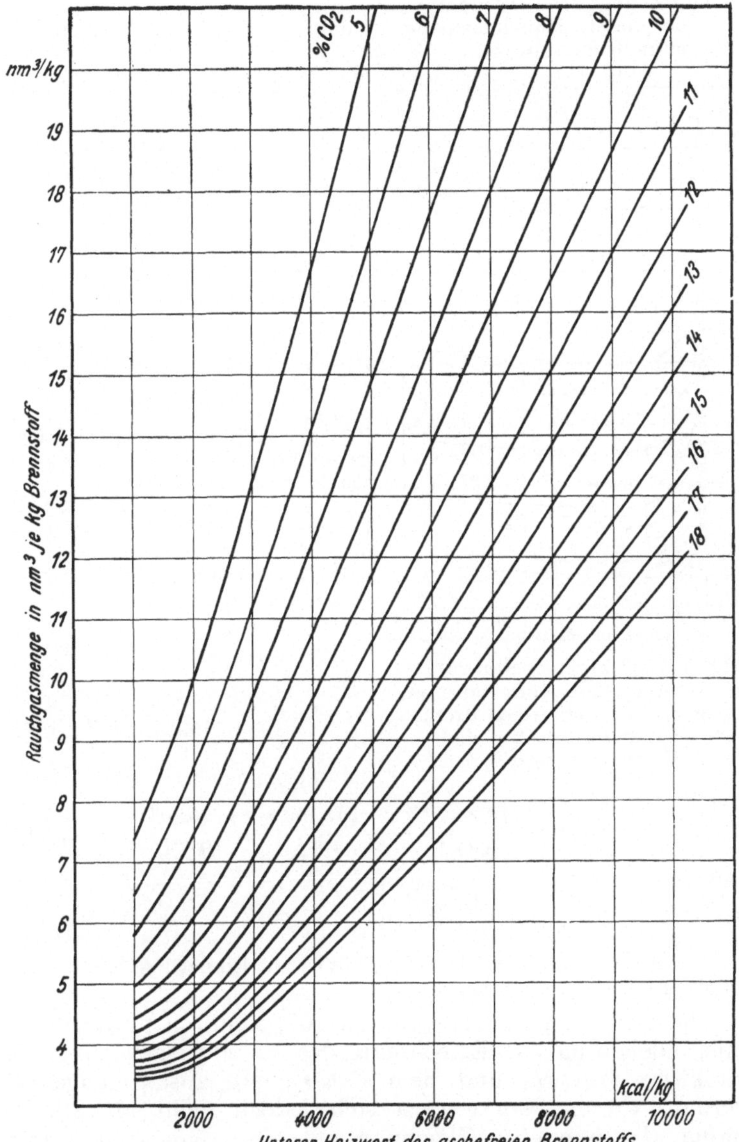


Abb. 7. Rauchgasmenge in nm³ je kg Brennstoff in Abhängigkeit vom unteren Heizwert und vom CO₂-Gehalt. (Feste Brennstoffe.)

können dort unmittelbar als Funktion des Heizwertes und des $CO_2$-Gehaltes abgelesen werden.

Die diesen Rauchgasmengen entsprechenden Luftmengen sind sehr einfach zu ermitteln. Es ist

$$L_n = n \cdot L,$$
$$= L + nL - L,$$
$$= L + (n-1) \cdot L,$$
$$V_n = V + (n-1) \cdot L,$$
$$(n-1) \cdot L = V_n - V$$

und

$$L_n = L + V_n - V = V_n - (V - L).$$

$(V - L)$ kann dargestellt werden durch

$$(V - L) = 0{,}875 - 0{,}062 \cdot \frac{H_u}{1000}, \quad (64)$$

und gibt, von dem nach Gleichung (63) oder Abb. 7 ermittelten Rauchgasvolumen abgezogen, den gesuchten Wert $L_n$ in $nm^3/kg$.

In ähnlicher Weise läßt sich die Luftüberschußzahl und der Luftüberschuß in Prozenten ausdrücken, und zwar erhält man, ausgehend von der Beziehung

$$L_{\ddot{u}} = \frac{V}{L}\left(\frac{k}{k'_n} - 1 + w\right) \cdot 100$$

und

$$\frac{V}{L} = 0{,}19354 \cdot H_u^{0,18}, \quad (65)$$

die Gleichung

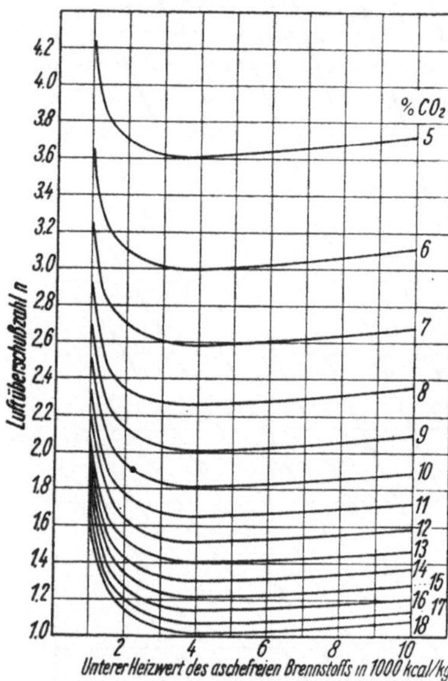



Abb. 8. Die Luftüberschußzahl $n$ in Abhängigkeit vom unteren Heizwert des aschefreien Brennstoffs und vom $CO_2$-Gehalt. (Feste Brennstoffe.)

$$L_{\ddot{u}} = \frac{1518{,}2 \cdot H_u^{0,02}}{CO_2} - \frac{516{,}691}{H_u^{0,18}} + \frac{1\,720\,893}{H_u^{1,38}} \quad (66)$$

und

$$n = 1 + \frac{L_{\ddot{u}}}{100}. \quad (67)$$

Die Auswertung der Gleichung (66) ist zur Ersparung der Rechenarbeit in Abb. 8 wiedergegeben.

Die Gleichungen (51), (66) und (67) könnten nunmehr zu einer Gleichung zur Errechnung des Rauchgasgewichtes als Funktion von $H_u$ und dem $CO_2$-Gehalt zusammengefaßt werden; dieser Weg erweist sich jedoch nicht als zweckmäßig, da man eine Gleichung mit einer Konstanten und 11 Potenzen von $H_u$, größtenteils mit gebrochenem Exponenten, erhält.

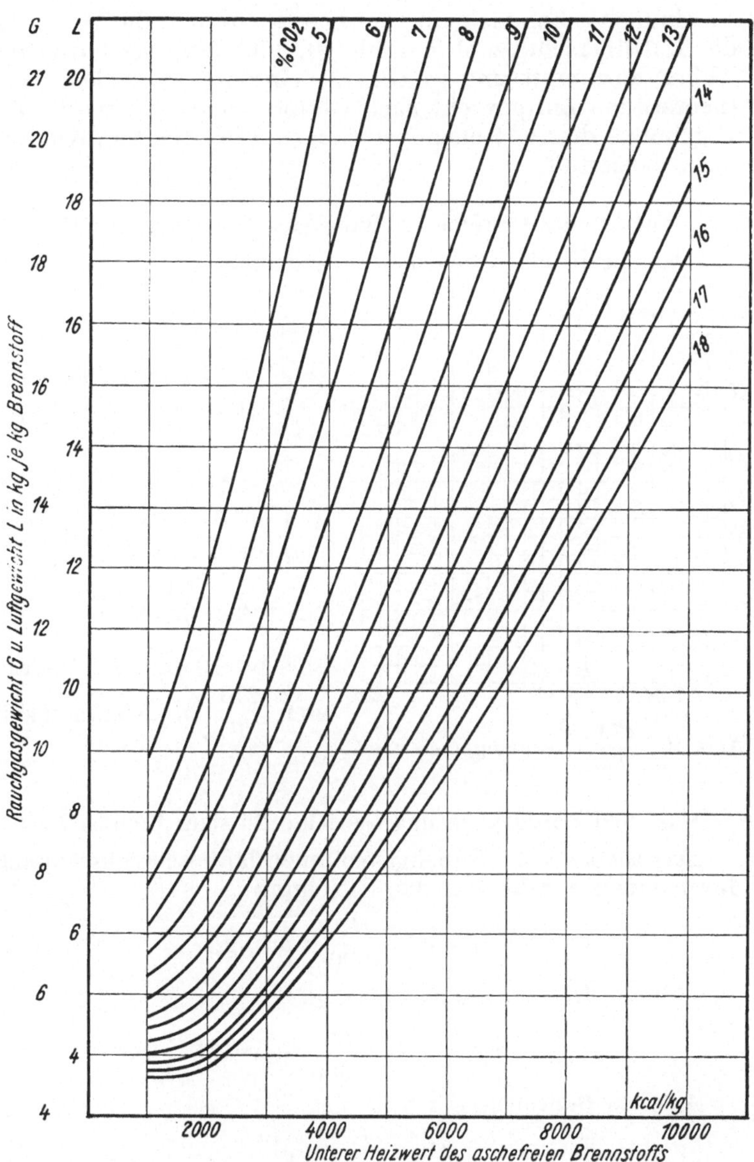


Abb. 9. Rauchgasgewicht $G$ und Luftgewicht $L$ in kg je kg Brennstoff in Abhängigkeit vom unteren Heizwert des aschefreien Brennstoffs und vom $CO_2$-Gehalt. (Feste Brennstoffe.)

Einfacher kommt man zum Ziel, wenn man die Werte für die Luftüberschußzahl $n$ nach Gl. (66) ermittelt bzw. der Abb. 8 entnimmt und in Gl. (53) einführt, in welcher das theoretische Luftgewicht nach Gl. (50) eingesetzt wird. Die Ergebnisse dieser Rechenoperation sind in Abb. 9 in Kurvenform dargestellt.

### Spezifisches Gewicht der Rauchgase fester Brennstoffe.

Das spezifische Gewicht des Rauchgases $\gamma$ ist für theoretisches Rauchgas

$$\gamma = 0{,}7173 \cdot H_u^{0.07}\,[\text{kg/nm}^3]. \quad (68)$$

Beim Luftüberschuß $n$ ist

$$\gamma_n = \frac{V \cdot \gamma + (n-1)\,L \cdot \gamma_L}{V + (n-1)\,L} \quad [\text{kg/nm}^3] \quad (69)$$

und bei der absoluten Temperatur $T$ ($^\circ$K) ist

$$\gamma_{n,\,T} = \gamma_n \cdot \frac{273}{T}\ [\text{kg/nm}^3]. \quad (70)$$

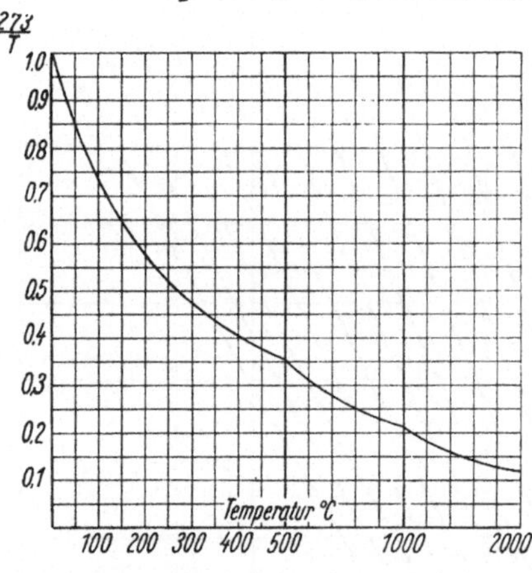


Abb. 10. $\dfrac{273}{T}$ in Abhängigkeit von $t$.

Abb. 10 zeigt den Verlauf von $\dfrac{273}{T}$ in Abhängigkeit von $t\,^\circ$C.

### Gas- und Luftmengen und Gewichte flüssiger Brennstoffe.

Das theoretische Rauchgasvolumen läßt sich sehr einfach durch einen Strahl von der Gleichung

$$V = 1{,}11 \cdot \frac{H_u}{1000}\ [\text{nm}^3/\text{kg}] \quad (71)$$

darstellen. Die Luftmenge beträgt

$$L = 1{,}7 + 0{,}88\,\frac{H_u}{1000}\ [\text{nm}^3/\text{kg}]. \quad (72)$$

Aus den Beziehungen

$$k = 34{,}6 - 2 \cdot \frac{H_u}{1000}\ [\%] \quad (73)$$

und

$$w = 3{,}3 \cdot \frac{H_u}{1000} - 22{,}4\ [\%] \quad (74)$$

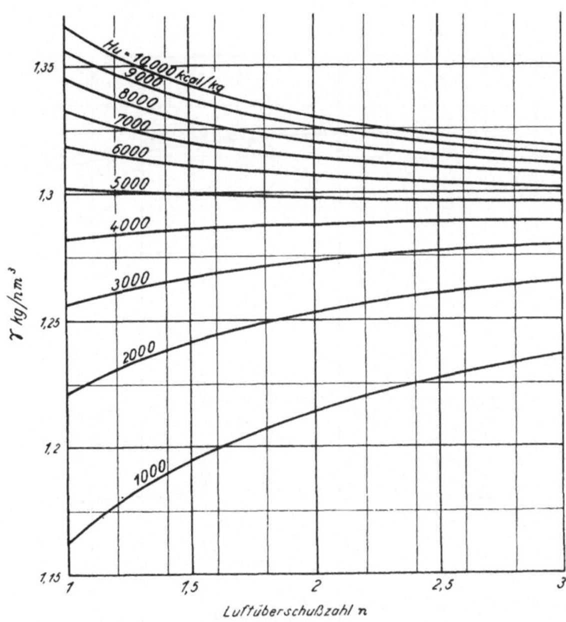


Abb. 11. Spez. Gewicht von Rauchgasen (0°/760) bei verschiedenem Heizwert (aschefrei) und verschiedenen Luftüberschußzahlen.

findet man die Beziehung

$$\left.\begin{array}{l} V_n = 0{,}03663 \cdot \left(\dfrac{H_u}{1000}\right)^2 - 0{,}24864\,\dfrac{H_u}{1000} \\[3mm] + \dfrac{38{,}406 \cdot \dfrac{H_u}{1000} - 2{,}22\left(\dfrac{H_u}{1000}\right)^2}{CO_2}\ [\text{nm}^3/\text{kg}] \end{array}\right\} \qquad (75)$$

deren Ergebnisse in Abb. 12 aufgetragen sind. Die dazugehörigen Luftmengen findet man aus der Gleichung

$$L_n = V_n - 0{,}23\,\frac{H_u}{1000} + 1{,}7\,[\text{nm}^3/\text{kg}]\,. \qquad (76)$$

Ferner ist

$$\frac{V}{L} = 0{,}88425 + 0{,}01725\,\frac{H_u}{1000}. \qquad (77)$$

und

$$\left.\begin{array}{l} n = \dfrac{30{,}595 - 1{,}17165 \cdot \dfrac{H_u}{1000} - 0{,}0345\left(\dfrac{H_u}{1000}\right)^2}{CO_2} \\[3mm] + 0{,}00807\,\dfrac{H_u}{1000} + 0{,}00056925\left(\dfrac{H_u}{1000}\right)^2 - 0{,}0823 \end{array}\right\} \qquad (78)$$

(vgl. Abb. 13).

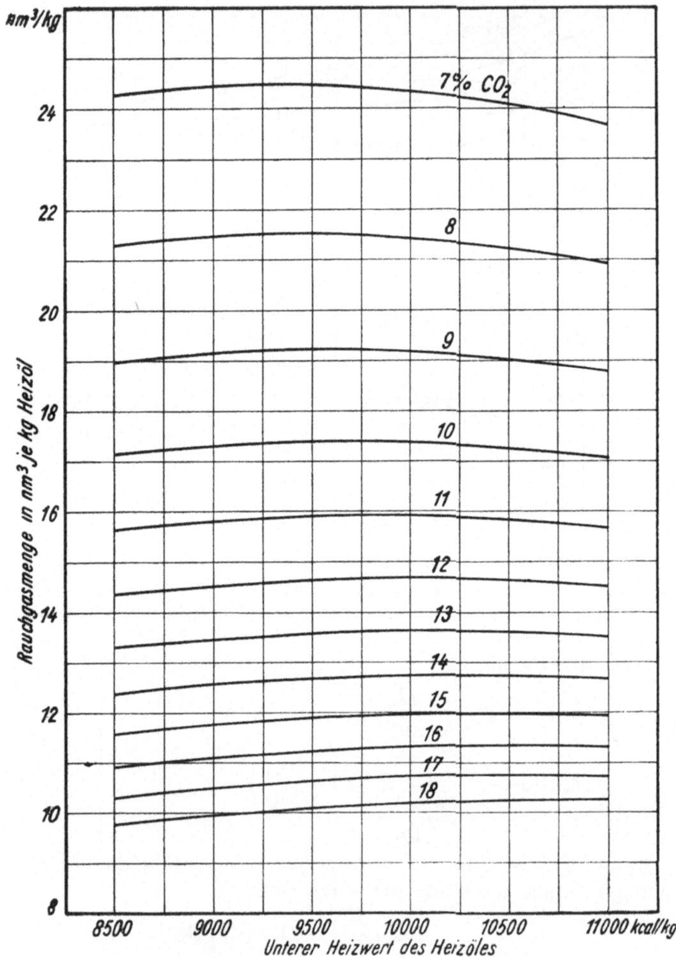


Abb. 12. Rauchgasmenge in nm³ je kg Brennstoff in Abhängigkeit vom unteren Heizwert und vom $CO_2$-Gehalt. (Flüssige Brennstoffe.)

Das Luftgewicht je Kilogramm Heizöl in Kilogramm ist

$$L_G = 2{,}112 + 1{,}157 \, \frac{H_u}{1000} \; [\text{kg/kg}] \tag{79}$$

und das Gasgewicht in kg/kg Heizöl

$$G_g = 3{,}112 + 1{,}157 \frac{H_u}{1000} \ [\text{kg/kg}]. \tag{80}$$

Unter Zuhilfenahme der Gleichung (79) bzw. der Abb. 13 findet man dann das Gasgewicht in Abhängigkeit vom Heizwert und vom $CO_2$-Gehalt, wie in Abb. 14 angegeben.

Das spezifische Gewicht der Abgase des Heizöls (bei theoretischer Verbrennung) wird dargestellt durch die Formel

$$\gamma = 11{,}677 \cdot H_u^{-0{,}238}. \tag{81}$$

Die Umrechnung auf höheren Luftüberschuß und auf höhere Temperaturen erfolgt in der Weise, wie in Gl. (69) und (70) angegeben.

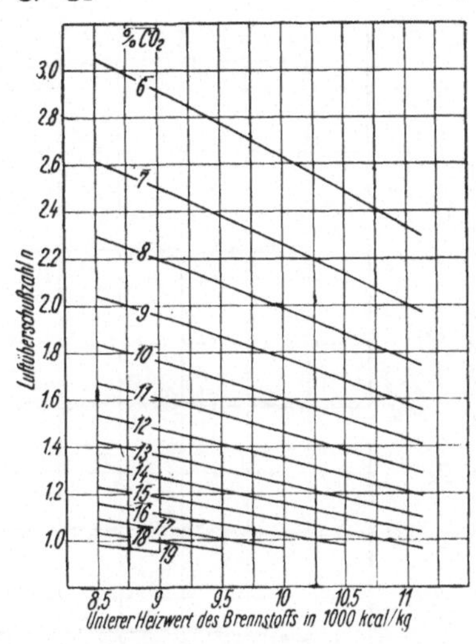


Abb. 13. Die Luftüberschußzahl $n$ in Abhängigkeit vom unteren Heizwert und vom $CO_2$-Gehalt. (Flüssige Brennstoffe.)

## Gas- und Luftmengen und Gewichte gasförmiger Brennstoffe.

Die formelmäßige Erfassung ist bei gasförmigen Brennstoffen außerordentlich schwierig und gibt nicht so genaue Werte wie bei den festen und flüssigen Brennstoffen. Für die Abgasmengen vom reichsten (Schwelgas) bis zum ärmsten Gas (Gichtgas) wurde zunächst eine Näherungsgleichung ermittelt und nach der Methode der kleinsten Quadrate für 12, als typische Beispiele ausgewählte, technische Heizgase ausgeglichen. Das Ergebnis ist in nm³ je nm³ Frischgas:

$$V = 0{,}446 + 1{,}09 \frac{H_u}{1000} \ [\text{nm}^3/\text{nm}^3] \tag{82}$$

und für die Luft

$$L = 1{,}09 \cdot \frac{H_u}{1000} - 0{,}280 \ [\text{nm}^3/\text{nm}^3]. \tag{83}$$

Der Versuch, die Abgasmengen in Funktion des Heizwertes und des $CO_2$-Gehaltes durch eine Formel zu erfassen,

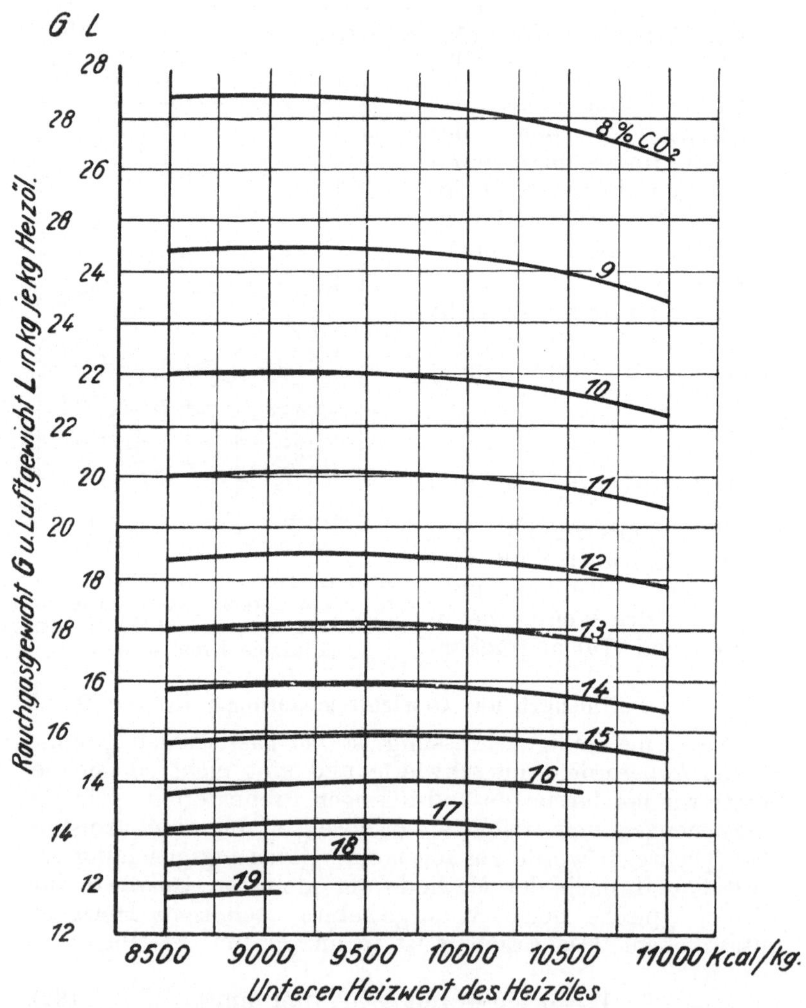


Abb. 14. Rauchgasgewicht $G$ und Luftgewicht $L$ in kg je kg Heizöl in Abhängigkeit vom unteren Heizwert und vom $CO_2$-Gehalt. (Flüssige Brennstoffe.)

führt zu keinem befriedigenden Ergebnis. Es wird daher eine Unterteilung in folgende drei Gruppen vorgenommen[1]:

1. **Arme Gase** (Gichtgas $H_u = 800 - 1000$ kcal/nm³)

$$V_n = 0{,}1814 \left(\frac{H_u}{1000}\right)^2 - 0{,}0821 \frac{H_u}{1000} - 0{,}0504$$
$$+ \frac{10{,}258 + 25{,}07 \frac{H_u}{1000}}{CO_2} \ [\mathrm{nm^3/nm^3}], \tag{84}$$

2. **Generatorgase** ($H_u = 1000 - 1500$ kcal/nm³)

$$V_n = 0{,}1814 \left(\frac{H_u}{1000}\right)^2 - 0{,}0821 \frac{H_u}{1000} - 0{,}0504$$
$$+ \frac{7{,}69 + 18{,}79 \frac{H_u}{1000}}{CO_2} \ [\mathrm{nm^3/nm^3}], \tag{85}$$

3. **Reichgase** ($H_u \gtreqless 4000$ kcal/nm³)

$$V_n = 0{,}0968 + 0{,}2365 \frac{H_u}{1000} + \frac{3{,}925 + 9{,}592 \cdot \frac{H_u}{1000}}{CO_2} [\mathrm{nm^3/nm^3}]. \tag{86}$$

Das Gewicht der Luft und der Rauchgase in Kilogramm je nm³ Frischgas kann folgendermaßen erfaßt werden:

1. **Arme Gase** (Gicht- und Generatorgase)

$$G_g \cong 2{,}25 \ [\mathrm{kg/nm^3}] \tag{87}$$

unabhängig vom Heizwert, gültig im Bereich von etwa 800 bis 1500 kcal/nm³ (mit größten Abweichungen von etwa $\pm 8$ bis 10%). Das dazugehörige Luftgewicht ist etwa von der Größenordnung

$$G_L = 1{,}1 \ [\mathrm{kg/nm^3}] \tag{88}$$

oder etwas genauer

$$G_L = 0{,}65 + 0{,}35 \frac{H_u}{1000} \ [\mathrm{kg/nm^3}]. \tag{89}$$

---

[1] Zur Ermittlung der Luftmenge dient für Gruppe 1 und 2 (arme Gase)

$$(V - L) = 0{,}814, \tag{84a}$$

für Gruppe 3 (Reichgase)

$$(V - L) = 0{,}4466 \cdot \cdot + 0{,}0533 \cdot \cdot \frac{H_u}{1000}. \tag{86a}$$

### 2. Reichgase ($H_u = 2500$ bis $8000$ kcal/nm³)

$$G_g = 1{,}675 \, \frac{H_u}{1000} - 2{,}45 \ [\text{kg/nm}^3], \tag{90}$$

$$G_L = 1{,}675 \, \frac{H_u}{1000} - 2{,}9 \ [\text{kg/nm}^3], \tag{91}$$

$$G_L = G_g - 0{,}45. \tag{91a}$$

Es ist besonders darauf zu achten, daß der Ausgangszustand 1 nm³ und nicht 1 kg ist; man findet daher das Gasgewicht bei Luftüberschuß nur nach der Beziehung

$$G_n = G_g + (n - 1)\, G_L. \tag{92}$$

Damit sind alle Gas- und Luftmengen des ganzen praktisch wichtigen Brennstoffbereichs formelmäßig erfaßt, so daß es möglich ist, auch mit etwas unvollkommenen Angaben feuerungstechnische Rechnungen, Geschwindigkeitsberechnungen, Wärmeübergangszahlen oder Querschnittsbemessungen usw. durchzuführen, zu denen man bisher meist den langwierigen Umweg über die Verbrennungsrechnung machen mußte.

### Die Verbrennungstemperatur.

Zur Ermittlung der Verbrennungstemperatur geht man davon aus, daß die im Brennstoff als Heizwert gebundene Wärme $H_u$ in fühlbare Wärme (Wärmeinhalt $J = V \cdot C_{p_m} \cdot t$) übergeführt wird. Geht man von der Temperatur $t_l$ der umgebenden Luft aus, so ist

$$H_u = V \cdot (C_{p_m})_{t_l}^{t} \cdot (t - t_l). \tag{93}$$

Setzt man $t_l = 0°$, so ist die gesuchte theoretische Verbrennungstemperatur

$$t = \frac{H_u}{V \cdot (C_{p_m})_0^{t}}. \tag{94}$$

Da die mittlere spez. Wärme $C_{p_m}$ eine Funktion der Temperatur ist, ergibt die Auflösung dieser Gleichung nach $t$ eine ziemlich umfangreiche quadratische Gleichung[1]), oder man begnügt sich mit geringer Genauigkeit und schätzt die zu erwartende Temperatur $t$, berechnet damit $(C_{p_m})_0^{t}$ und kontrolliert mit Gleichung (94) die angenommene Temperatur. In der Regel führt dieses Verfahren zu einer langwierigen Rechnung, da die mittlere spez. Wärme aus den spez. Wärmen

---

[1]) Siehe Mitt. Nr. 60 der Wärmestelle Düsseldorf.

der Komponenten des Rauchgases errechnet werden muß. Bei einem bestimmten Luftüberschuß ändert sich sowohl das Volumen $V$ als auch seine Zusammensetzung, und daher auch $C_{pm}$, weshalb die Rechnung von neuem durchgeführt werden muß.

Wesentlich einfacher und genauer ist die graphische Methode, die darin besteht, daß man die rechte Seite der Gleichung (93) für verschiedene Temperaturen $t$ ausrechnet und aufträgt und die entsprechende It-Kurve mit dem Heiz-

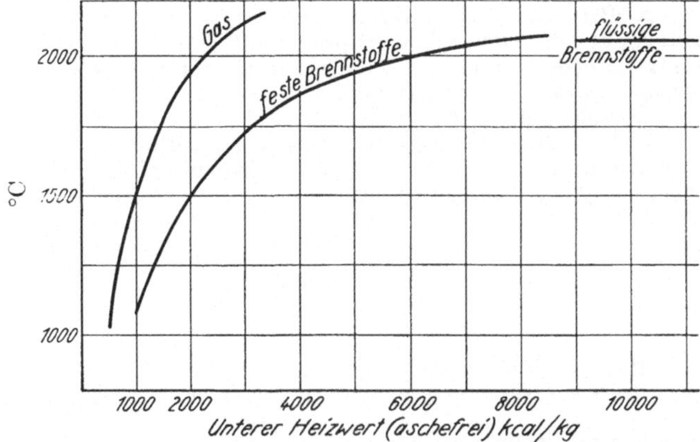


Abb. 15. Theoretische Verbrennungstemperaturen $(n = 1,\ t_l = 0°)$.

wert $H_u$ zum Schnitt bringt. Der Schnittpunkt gibt unmittelbar die gesuchte Verbrennungstemperatur an. Wegen der vielseitigen und übersichtlichen Verwendungsmöglichkeit des so entstandenen It-Diagramms ist seine Aufzeichnung und Benutzung S. 58 u. ff. ausführlich behandelt.

Bei Temperaturen über 1500° tritt eine bereits merkliche Dissoziation von $CO_2$ und $H_2O$ ein, die sich auch auf die Verbrennungstemperatur auswirkt. Der Einfluß der Dissoziation läßt sich gerade an Hand des It-Diagramms sehr gut veranschaulichen[1]).

In Abb. 15 sind die theoretischen Verbrennungstemperaturen von Gasen, festen und flüssigen Brennstoffen, bezogen auf eine Lufttemperatur von 0° (ohne jede Vorwärmung, jedoch unter Berücksichtigung der Dissoziation) in Abhängigkeit vom Heizwert dargestellt. Sie kann daher zur

---

[1]) Vgl. S. 66.

Beurteilung der Verwendungsmöglichkeit der einzelnen Brennstoffe dienen. Zu beachten ist allerdings noch die Möglichkeit einer Vorwärmung der Verbrennungsluft und — bei flüssigen und gasförmigen Brennstoffen — die einer Vorwärmung des Brennstoffs selbst[1]).

Die mitunter angegebene Formel zur Errechnung der Verbrennungstemperatur

$$t = \frac{\eta \cdot H_u}{V \cdot C_{p_m}}, \tag{95}$$

worin der Beiwert $\eta$ den Feuerungswirkungsgrad bedeutet, ist inkorrekt, da dieser im wesentlichen durch das Auftreten von unverbranntem Brennstoff (Rostdurchfall) oder Kohlenstoff (Herdverluste) bedingt ist. Dadurch wird aber nicht nur die Entwicklung des vollen Heizwertes, sondern gleichzeitig und in etwa gleichem Maße die Rauchgasbildung vermindert und $\eta$, das gleichfalls im Nenner der Gleichung (95) erscheinen muß, hebt sich weg. Der Feuerungswirkungsgrad bzw. die C-Verluste haben keinen Einfluß auf die theoretische Verbrennungstemperatur. Wird jedoch gleichzeitig die Wärmemenge $q$ je kg Brennstoff durch Strahlung abgegeben, so ist

$$\eta \cdot V \cdot C_{p_m} \cdot t = \eta \cdot H_u - q \tag{96}$$

und daraus

$$t = \frac{H_u - \dfrac{q}{\eta}}{V \cdot C_{p_m}}. \tag{97}$$

Hier liegt also ein temperatursenkender Einfluß des Feuerungswirkungsgrades vor, jedoch in ganz anderer Weise, als es Gleichung (95) angibt.

Über die „praktische Verbrennungstemperatur", die sich bei der Verbrennung unter gleichzeitiger Einwirkung der Abkühlung durch die Heizflächen einstellt, vgl. die rechnerische Behandlung der Vorgänge in der Feuerung, Kap. V. B., S. 98.

# III. Wirkungsgrad und Wärmeverluste.

Von der durch die Verbrennung erzeugten Wärme wird nur ein Teil ausgenutzt, während der Rest als Wärmeverlust in der Bilanz auftritt. Die Nutzleistung kann durch Messung der nutzbar gewonnenen und der eingebrachten Energie (Menge, Wärmeinhalt und Heizwert) und durch Vergleich der beiden unmittelbar gefunden werden. Wegen der Schwierigkeit solcher Messungen und zur Aufdeckung etwaiger Fehlerquellen ist jedoch eine genaue Messung der einzelnen Verluste notwendig und zweckmäßiger. Laufende Betriebskontrollen beschränken sich meist auf eine Verlustmessung, und zwar begnügen sie sich im allgemeinen mit einer Bestimmung bzw. Abschätzung der größten Verlustquelle, des

---

[1]) Vgl. S. 59 u. 60.

Abwärmeverlustes, durch $CO_2$- und Abgastemperaturmessungen. Die wichtigsten Verluste in Feuerbetrieben sind bei konstanter Belastung und im ununterbrochenen Betrieb die Abwärmeverluste durch den Wärmeinhalt der abziehenden Rauchgase, die Verluste durch Unverbranntes, und zwar durch brennbare Gasbestandteile ($CO$, $H_2$ und Kohlenwasserstoffe) im Abgas, durch Kohlenstoffverluste im Abgas (Ruß und Flugkoks) und durch Brennstoff- und Kohlenstoffverluste in der Feuerung (Rostdurchfall und Herdverluste, brennbare Bestandteile in Asche und Schlacke). Endlich kommen hierzu noch die Verluste durch Leitung und Strahlung (Wärmeabgabe der Außenoberflächen durch Strahlung und Konvektion), Strahlung durch Feuertüren (besonders bei Öfen), Wärmeableitung in das Fundament und den Boden, Abkühlung periodisch erwärmter und abgekühlter Teile der Feuerung (z. B. Wanderrost) u. a. m. Bei schwankender Belastung sind die Verluste durch die Störung des Temperaturgleichgewichtes zu erwähnen, die durch dauerndes Einspeichern und Entladen des speicherfähigen Mauerwerks und der Eisenteile die Leitungs- und Strahlungsverluste zwar nur gering beeinflussen, aber die genaue Messung der Verluste sehr erschweren. Bei häufig unterbrochener Betriebsweise kommen dann endlich die sehr erheblichen Verluste durch die Auskühlung der ganzen Mauerwerksmassen, Eisenteile und des etwaigen Kessel- und Ofeninhaltes hinzu, die einmal durch den Wärmetransport nach den wärmeabgebenden Außenflächen, vor allem aber durch die schwer ganz zu unterdrückende Luftzirkulation in den Feuerzügen verursacht wird[1]).

### Abwärmeverluste.

Zur Erfassung der Abwärmeverluste sind 3 Möglichkeiten gegeben:

    1. die rechnerische Methode,

    2. die graphische Methode,

beide setzen genaue Kenntnis der Elementaranalyse des Brennstoffs und Zusammensetzung des Rauchgases voraus, und

    3. Näherungsmethoden.

Die rechnerische Methode besteht in der Ermittlung der Gaszusammensetzung und der Multiplikation der gefundenen

---

[1]) Vgl. E. Praetorius, „Wärmewirtschaft im Kesselbetrieb", 1930, Kap. IX bis XI.

Prozentsätze mit den entsprechenden mittleren spez. Wärmen
(Zahlenwerte s. Anhang Zahlentafel 15, S. 124) und der gemessenen Abgastemperatur. Wird nicht die Temperatur

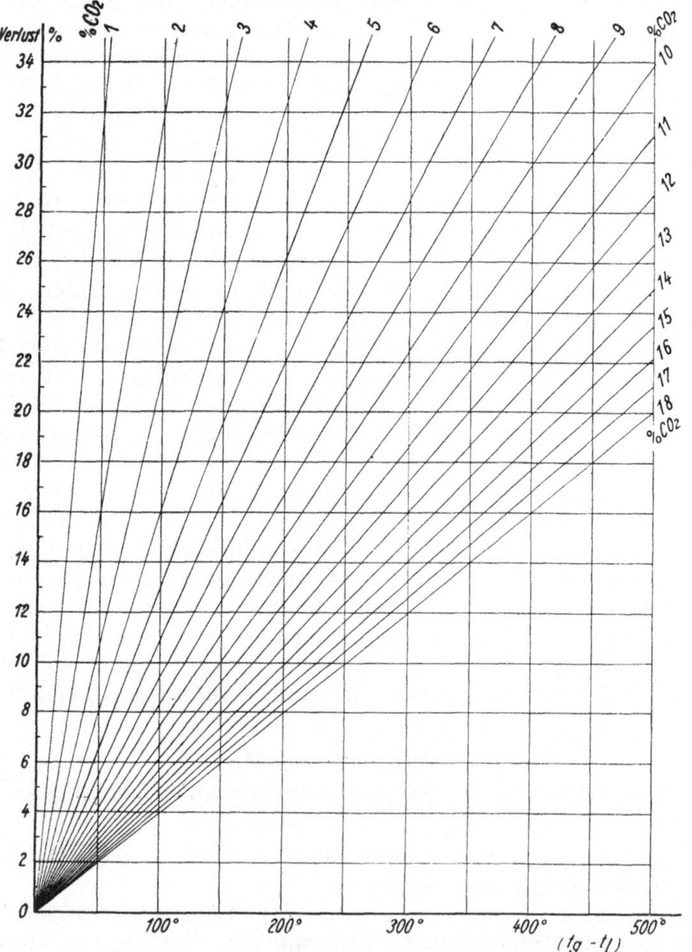



Abb. 16. Tafel zur Bestimmung der Abgasverluste (Steinkohle).

$t = 0°\,$C als Basis gewählt, sondern die Lufttemperatur $t_l$,
so ist mit der Differenz zwischen Abgas- und Lufttemperatur und der mittleren spez. Wärme zwischen der Abgas- und
Lufttemperatur zu rechnen. Die gefundene Wärmemenge

multipliziert mit 100 und dividiert durch die zugeführte Wärmemenge (Heizwert) gibt den Verlust in Prozenten an.

Die graphische Methode, d. h. die Aufstellung und Benutzung eines $Jt$-Diagramms, geht auf dieselbe Weise vor sich, nur kann hier die gesuchte Wärmemenge unmittelbar abgelesen werden[1]).

An Näherungsmethoden sei auf das allgemeine $Jt$-Diagramm nach Rosin-Fehling[2]) hingewiesen, das für den

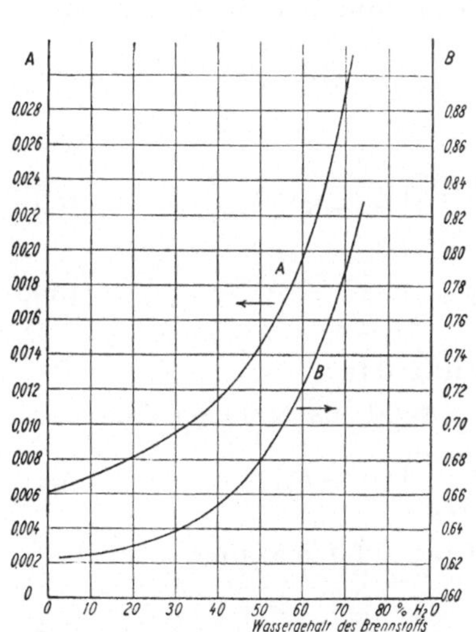

Abb. 17. Beiwerte $A$ und $B$ der Gleichung (100).

Abb. 18. Beiwert $A$ der Gleichung (101).

Gebrauch keine Kenntnis der Elementaranalyse voraussetzt. Zu denselben Ergebnissen kann man auch mit verhältnismäßig einfach gebauten empirischen Formeln gelangen.

Es ist:

1. Für Steinkohle:

Abwärmeverlust

$$Q_A = \left(0{,}00510 + \frac{0{,}6281}{CO_2}\right)(t_g - t_l)\,[\%],\qquad (98)$$

<hr>

[1]) Siehe Kap. VI., S. 58.
[2]) Rosin-Fehling, „Das $Jt$-Diagramm der Verbrennung.“ Berlin 1929; siehe auch S. 72.

CO-Verlust

$$Q_U = \frac{60{,}345 \cdot CO}{CO_2 + CO}\,[\,\%\,], \tag{99}$$

## 2. Für Braunkohle:

$$Q_A = \left(A + \frac{B}{CO_2}\right)(t_g - t_l)\,[\,\%\,], \tag{100}$$

wobei $A$ und $B$ Funktionen des Wassergehaltes der verfeuerten Kohle sind und der Abb. 17 entnommen werden können.

$$Q_U = \frac{A \cdot CO}{CO_2 + CO}\,[\,\%\,]\ \text{(s. Abb. 18).} \tag{101}$$

## 3. Für Heizöl:

$$Q_A = \left(0{,}0063 + \frac{0{,}497}{CO_2}\right)(t_g - t_l)\,[\,\%\,], \tag{102}$$

$$Q_U = \frac{47{,}987 \cdot CO}{CO_2 + CO}\,[\,\%\,]. \tag{103}$$

## 4. Für gasförmige Brennstoffe:
a) für Reichgas von $H_u = 4000$ bis $6000$ kcal/nm³

$$Q_A = \left(0{,}0106 + \frac{0{,}3263}{CO_2}\right)(t_g - t_l)\,[\,\%\,] \tag{104}$$

(bei Schwelgas von $H_u = 6000$ bis $7000$ kcal/nm³ etwa $10\%$ höher)

$$Q_U = \frac{31{,}395 \cdot CO}{CO_2 + CO}\,[\,\%\,], \tag{105}$$

b) für Mischgas von $H_u = 1300$ bis $1500$ kcal/nm³

$$Q_A = \left(0{,}0093 + \frac{0{,}748}{CO_2}\right)(t_g - t_l)\,[\,\%\,] \tag{106}$$

(bei reinem Wassergas von $H_u \gtrsim 2500$ kcal/nm³ etwa $20\%$ tiefer)

$$Q_U = \frac{71{,}968 \cdot CO}{CO_2 + CO}\,[\,\%\,], \tag{107}$$

c) für Generatorgas (Luftgas) von $H_u = 1100$ bis $1200$ kcal/nm³

$$Q_A = \left(0{,}0073 + \frac{0{,}859}{CO_2}\right)(t_g - t_l)\,[\,\%\,], \tag{108}$$

$$Q_U = \frac{82{,}648 \cdot CO}{CO_2 + CO}\,[\,\%\,], \tag{109}$$

d) für Gichtgas von $H_u = 900$ bis $1100\ \text{kcal/nm}^3$

$$Q_A = \left(0{,}0024 + \frac{1{,}17}{CO_2}\right)(t_g - t_l)\ [\%],\qquad (110)$$

$$Q_U = \frac{112{,}571 \cdot CO}{CO_2 + CO}\ [\%].\qquad (111)$$

Diese Formeln erfassen den Verlust durch den Wärmeinhalt bzw. den ungenutzten Heizwert der abziehenden Rauchgase, sie setzen also eine vollständige Gasbildung in der Feuerung voraus oder, was dasselbe ist, sie erfassen die Verluste der gasbildenden Brennstoffmenge (vgl. darüber S. 53, 54, und Feuerungstechnik, XVII, Heft 5, S. 53), und die sog. Feuerungsverluste müssen entsprechend bewertet und berücksichtigt werden.

## Ableitung.

Zu diesen Formeln gelangt man auf folgende Weise, wobei der Aufbau der Formeln physikalisch exakt ist, während sich die Empirie auf die Größe der Beiwerte beschränkt, so daß die Genauigkeit durch Einschränkung des Anwendungsbereichs (z. B. auf Kohlen bestimmter eng umgrenzter Herkunft) beliebig gesteigert werden kann. Im Gegensatz dazu sind die gebräuchlichen Formeln von Siegert und Hassenstein rein empirisch und geben unerwünscht große Abweichungen vom Sollwert[1]).

### A. Steinkohle.

Bezeichnet man mit $J$ den Wärmeinhalt des Abgases bei theoretischer Luftmenge ($n = 1$) und mit $J_l$ den Wärmeinhalt der theoretisch notwendigen Luftmenge, so ist der Wärmeinhalt des Abgases bei der Luftüberschußzahl $n$

$$J_n = J + (n - 1)J_l.\qquad (112)$$

Der Abgasverlust in Prozent vom unteren Heizwert ist dann

$$q\% = \frac{J + (n - 1) \cdot J_l}{H_u} \cdot 100.\qquad (113)$$

Man sieht also, daß der Abgasverlust durch eine zweigliedrige Formel dargestellt ist, von der das erste Glied den Verlust durch die Verbrennungsgase bei $n = 1$, das zweite Glied den Verlust durch den Luftüberschuß darstellt. Diese physikalische Deutung geht jedoch durch zahlreiche Umformungen verloren. Setzt man

$$J = V \cdot C_{pm_0'} \cdot t,\qquad (114)$$

so kann man ohne erhebliche Abweichungen für den hier in Frage kommenden Temperaturbereich von 100—400° C, in welchem sich die Abgastemperaturen bewegen, mit einer konstanten mittleren spezifischen Wärme der Gase entsprechend $C_{pm_{0^0}}^{250^0}$ rechnen. Die Luft-

---

[1]) Siehe Feuerungstechn. XVII (1929), 10, S. 109—112, (besonders Abb. 2) und 11, S. 123—125.

überschußzahl $n$ wird durch eine $CO_2$-Messung bestimmt, wobei jedoch zu beachten ist, daß die meisten $CO_2$-Meßapparate infolge der Abkühlung in den Rohrleitungen und Filtern den $CO_2$-Gehalt des trockenen Gases messen. Es ist daher der $CO_2$-Gehalt bezogen auf trockenes Gas ($k'_n$) als Funktion der Luftüberschußzahl darzustellen. Der Index $n$ bezieht sich auf die jeweilige Luftüberschußzahl, mit $k_n$ sei der $CO_2$-Gehalt bei der Luftüberschußzahl $n$, bezogen auf nasses Gas, und mit $k$ der maximale Kohlensäuregehalt, bezogen auf nasses Gas, bezeichnet. Ist die entstehende Gasmenge

$$V_n = V + (n - 1) L \, , \tag{115}$$

so ist der Kohlensäuregehalt

$$k_n = \frac{k \cdot V}{V_n} = \frac{k \cdot V}{V + (n - 1) \cdot L} \, . \tag{116}$$

Analog ist der Wassergehalt

$$w_n = \frac{w \cdot V}{V + (n - 1) \cdot L} \tag{117}$$

und der Kohlensäuregehalt, bezogen auf trockenes Gas,

$$k'_n = \frac{k_n \cdot V_n}{V_n - w_n \cdot V_n} = \frac{k_n}{1 - w_n} \, . \tag{118}$$

Bringt man in Gleichung (118) $(1 - w_n)$ auf die andere Seite und setzt für $w_n$ und $k_n$ die in Gleichung (116) und (117) gefundenen Ausdrücke ein, so erhält man

$$(1 - w_n) \cdot k'_n = k_n \, , \tag{119}$$

$$\left(1 - \frac{w \cdot V}{V + (n - 1) \cdot L}\right) \cdot k'_n = \frac{k \cdot V}{V + (n - 1) \cdot L} \, , \tag{120}$$

und durch Klammerauflösung und Multiplikation mit $V + (n - 1) \cdot L$

$$V \cdot k'_n + (n - 1) \cdot L \cdot k'_n - w \cdot V \cdot k'_n = k \cdot V \tag{121}$$

und schließlich durch einige einfache Umformungen

$$(n - 1) = \frac{k \cdot V}{L \cdot k_n} - \frac{(1 - w) \cdot V}{L} \, . \tag{122}$$

Der Abgasverlust ist dann:

$$q = \left[\frac{V \cdot C_{pm}}{H_u} + \left(\frac{k \cdot V}{L \cdot k'_n} - \frac{(1 - w) \cdot V}{L}\right) \frac{L C_{pl}}{H_u}\right] \cdot 100 \cdot t_g \, . \tag{123}$$

Auflösung der runden Klammer und Ausmultiplikation des Ausdrucks $(1 - w)$ gibt dann:

$$q = \left[\frac{V C_{pm}}{H_u} - \frac{C_{pl} \cdot V}{H_u} + \frac{w \cdot C_{pl} \cdot V}{H_u} + \frac{k \cdot C_{pl} \cdot V}{H_u \cdot k'_n}\right] \cdot 100 \cdot t_g \, . \tag{124}$$

Der Abgasverlust ist somit dargestellt:

1. durch die für den Brennstoff charakteristischen Werte

$$\frac{V \cdot C_{pm}}{H_u}, \quad \frac{V \cdot C_{pl}}{H_u} \quad \text{und} \quad \frac{k \cdot V C_{pl}}{H_u}, \tag{125}$$

2. durch den Wassergehalt des theoretischen Abgases. Dieser ist gleich

$$w = \frac{1{,}244 \, (9 H + w)}{V} \, , \tag{125}$$

wenn $H$ den Wasserstoffgehalt und $W$ den Wassergehalt des Brennstoffs bedeutet, also hauptsächlich bedingt durch den Wasserstoffgehalt des Brennstoffs,

3. durch die Meßwerte $k'_n$ ($CO_2$-Anzeige) und die Abgastemperatur $t_g$, wobei eine Lufttemperatur von $0°$ C angenommen ist.

Empirisch läßt sich nun nachweisen, daß die unter 1. genannten Ausdrücke für bestimmte Brennstoffbereiche konstant sind, mit unwesentlichen Abweichungen vom Mittelwert. Der Versuch, den gesamten praktisch in Frage kommenden Brennstoffbereich vom Holz bis zum Koks mit einer Gleichung und einmal festgelegten Konstanten umspannen zu wollen, ist jedoch aussichtslos. Die zusammenzufassenden Gruppen der Brennstoffe sind hauptsächlich auf Grund ihres Wasserstoffgehaltes zu unterscheiden. Für jede Gruppe mit annähernd konstantem $H_2$- und $H_2O$-Gehalt kann dann auch das dritte Glied der Gleichung (124) als konstant angesehen werden, so daß man folgende allgemeine Gleichungen aufstellen kann, die den Abgasverlust theoretisch richtig wiedergeben und deren Genauigkeit lediglich davon abhängt, wieweit man in der Brennstoffgruppen-Unterteilung geht.

$$q = \left(A + w \cdot B + \frac{C}{CO_2}\right) \cdot 100 \, (t_g - t_l). \tag{126}$$

Darin bedeutet

$$A = \frac{V \cdot C_{pm}}{H_u} - \frac{V \cdot C_{pl}}{H_u} = \frac{V}{H_u}(C_{pm} - C_{pl}), \tag{127}$$

$$B = \frac{V \cdot C_{pl}}{H_u}, \tag{128}$$

und

$$C = \frac{k \cdot V \cdot C_{pl}}{H_u} = k \cdot B. \tag{129}$$

Für engere Brennstoffbereiche gilt die einfachere Formel

$$q = \left(A + \frac{B}{CO_2}\right) \cdot 100 \, (t_g - t_l). \tag{130}$$

Darin ist

$$A = \frac{V \cdot C_{pm}}{H_u} - \frac{V \cdot C_{pl}}{H_u} + \frac{w \cdot V \cdot C_{pl}}{H_u} = \frac{V}{H_u}(C_{pm} - (1 - w)\,C_{pl}), \tag{131}$$

$$B = \frac{k \cdot V \cdot C_{pl}}{H_u}. \tag{132}$$

### Ermittlung der Beiwerte für Steinkohle.

Zur Ermittlung der Beiwerte $A$ und $B$ in Gleichung (130) für Steinkohle sollen die in der „Hütte" 25. Aufl., S. 872 aufgeführten Kohlensorten herangezogen werden, wobei mit wechselnden dem geologischen Alter entsprechenden Wassergehalten gerechnet wurde. Die Ergebnisse sind in Zahlentafel 4 als Funktion der flüchtigen Bestandteile, bezogen auf die brennbare Substanz, dargestellt.

Die Veränderlichkeit der Beiwerte $A$ und $B$ kompensiert sich weitgehend, so daß der gesamte Steinkohlenbereich vom Anthrazit bis zur gasreichsten Sinterkohle gut durch eine einzige Formel erfaßt

Zahlentafel 4.

| Bezeichnung | Brennbare Substanz | | $A$ | $B$ | Beiwert $A$ der Gleichung (139) |
| --- | --- | --- | --- | --- | --- |
| | Heizwert kcal/kg | Flüchtige Bestandteile % | | | |
| Schottische Sinterkohle . . . . | 7460 | 42 | 0,005370 | 0,6240 | 59,9 |
| Niederschlesische Sinterkohle . | 7520 | 41 | 0,005435 | 0,6239 | 60,0 |
| Saarkohle . . . . . . . . . | 7900 | 40 | 0,005524 | 0,6197 | 59,5 |
| Westhartley-Steam-Kohle. . . | 7960 | 37 | 0,005417 | 0,6214 | 59,9 |
| Oberschlesische Gasflammkohle | 8100 | 31 | 0,005153 | 0,6313 | 60,6 |
| Westfälische Gasflammkohle . | 8240 | 33 | 0,005208 | 0,6226 | 59,9 |
| Durham-Kokskohle. . . . . . | 8370 | 31 | 0,005108 | 0,6272 | 60,0 |
| Westfälische Fettkohle . . . . | 8400 | 24 | 0,005009 | 0,6221 | 59,8 |
| „        Eßkohle. . . . . | 8430 | 18 | 0,004801 | 0,6351 | 61,0 |
| „        Magerkohle . . . | 8450 | 15 | 0,004696 | 0,6378 | 61,4 |
| Anthrazit . . . . . . . . . . | 8500 | 9 | 0,004310 | 0,6440 | 61,8 |
| Mittelwert | — | — | 0,005094 | 0,6281 | 60,345 |

werden kann, entsprechend der Gleichung (98), S. 45. Über die Einwirkung des Kohlenstoffverlustes siehe S. 47.

Unvollkommene Verbrennung.

Tritt im Abgas noch brennbares Gas auf (insbesondere handelt es sich dabei um CO), so ist in Formel (98) der Ausdruck $CO_2 + CO$ an Stelle von $CO_2$ einzuführen. Darüber hinaus ist jedoch noch der Verlust zu berücksichtigen, den der Heizwert des unverbrannt abziehenden Kohlenoxyds, das sind 3050 kcal/nm³, verursacht. Auch dieser Verlust läßt sich leicht formelmäßig erfassen und unter Benutzung der $CO_2$- und CO-Messung ohne Kenntnis des Heizwertes des Brennstoffes und seiner Elementaranalyse errechnen. Der Verlust durch CO-Bildung beträgt:

$$q_{CO}\% = \frac{CO}{100} \cdot 3050 \cdot \frac{V_{n\,tr}}{H_u} \cdot 100 . \qquad (133)$$

$V_{n\,tr}$, die trockene Abgasmenge in nm³ aus 1 kg Brennstoff bei der Luftüberschußzahl $n = 1$ ist aber

$$V_{n\,tr} = V_{tr} + (n - 1)\,L \qquad (134)$$

und $(n - 1)$, wie vorher,

$$(n - 1) = \frac{k \cdot V}{L \cdot k'_n} = \frac{(1 - w)\,V}{L} . \qquad (135)$$

Es ist also

$$V_{n\,tr} = V_{tr} + \frac{k \cdot V}{k'_n} - (1 - w)\,V = \frac{k \cdot V}{k'_n} , \qquad (136)$$

da

$$V_{tr} = (1 - w) \cdot V \qquad (137)$$

gesetzt werden kann, ist der CO-Verlust in Prozent

$$q_{CO} = \frac{CO \cdot 3050 \cdot k \cdot V}{H_u\,(CO_2 + CO)} \qquad (138)$$

oder allgemein

$$q_{CO}\% = \frac{A \cdot CO}{CO_2 + CO},\qquad (139)$$

worin $A = \dfrac{k \cdot V \cdot 3050}{H_u}$ zu setzen ist, ein Ausdruck, der für Steinkohle mit genügender Genauigkeit konstant angenommen werden kann, und zwar ergibt sich als Mittelwert der in Zahlentafel 4 letzte Spalte zusammengestellten Werte $A = 60{,}345$, so daß nunmehr die Gleichung für den Verlust durch CO-Bildung lautet

$$q_{CO}\% = \frac{60{,}345 \cdot CO}{CO_2 + CO}.\qquad (140)$$

In Abb. 19 ist der Verlust in Abhängigkeit vom $(CO_2 + CO)$-Gehalt dargestellt, der durch 1% CO im Abgas auftritt. Man findet sehr häufig den Gebrauch, für je 1% CO im Abgas einen Verlust von 4% der verfügbaren Wärme einzusetzen. Aus Abb. 19 erkennt man, daß dieser Wert nur bedingt richtig ist, wohl aber in dem praktisch wichtigen Bereich liegt. Gleichung (140) erübrigt in Zukunft derartige Schätzwerte, da sie den Verlust genau zu berechnen gestattet.

### B. Braunkohle.

Bei den Braunkohlen ist die formelmäßige Erfassung des ganzen Bereiches etwas schwieriger, besonders da der Ausdruck $V/H_u$ für Kohlen verschiedenen Wassergehaltes nicht konstant ist, sondern sogar starke Abweichungen zeigt, die sich in keiner Weise irgendwie ausgleichen. Es kann nun aus den Beiwerten $A$, $B$ und $C$ der Gleichung (126) der Wert $V/H_u$ ausgeklammert und als Funktion des Wassergehaltes dargestellt werden. Man erhält eine Gleichung von der Form

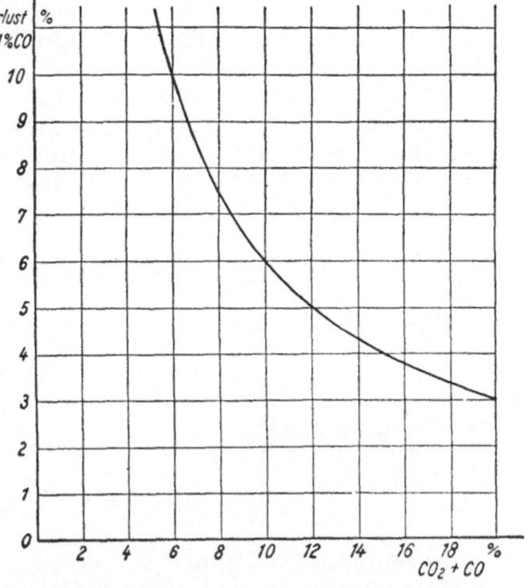


Abb. 19. Verlust für 1% CO-Gehalt im Abgas in Abhängigkeit vom $(CO_2\text{-} + CO\text{-})$ Gehalt (Steinkohle).

$$\frac{V}{H_u} = a + b\left(\frac{w}{1 - w}\right)^c.\qquad (141)$$

Die Größenordnungen sind ungefähr für $a$ 0,0011, für $b$ 0,00033 und für den Exponenten $c$ 1,05. Da jedoch das Rechnen mit unrunden Exponenten gern vermieden wird, soll davon Abstand genommen werden, die Korrektur der Konstanten als Funktion des Wassergehaltes vorzunehmen. Untersucht man nämlich verschiedene Reviere, so findet man, daß sich die deutschen Braunkohlen aus dem Halle-Bitterfelder Revier, aus der Lausitz und aus dem Rheinland, bezogen auf ihre brennbare Trockensubstanz, ganz gut auf eine For-

4*

mel bringen lassen. Diese „Mittelkohle", wie wir sie bezeichnen wollen, ist aus sieben verschiedenen deutschen Kohlen nach den Angaben der „Hütte" 24. Aufl., S. 869 gemittelt und der weiteren Untersuchung zugrunde gelegt. Alle drei Konstanten $A$, $B$ und $C$ der Gleichung (126) werden mehr oder weniger stark vom Wassergehalt des Brennstoffs beeinflußt, wie aus Zahlentafel 5 hervorgeht.

Zahlentafel 5.

| Wassergehalt des Brennstoffes % | $A$ | $B$ | $C$ | $A + B$ |
|---|---|---|---|---|
| 0  | 0,00614 | 0       | 0,6131 | 0,00614  |
| 10 | 0,00635 | 0,00067 | 0,6247 | 0,007026 |
| 30 | 0,00688 | 0,00268 | 0,6397 | 0,009560 |
| 50 | 0,00799 | 0,00660 | 0,6803 | 0,014593 |
| 70 | 0,01112 | 0,01779 | 0,7866 | 0,028909 |

Demgemäß lassen sich zunächst für die drei praktisch wichtigen Fälle $W = 15\%$ (Brikett und Braunkohlenstaub), $W = 50\%$ (Mittelwert für gute Rohbraunkohle) und $W = 60\%$ (Mittelwert für sehr nasse Rohbraunkohle) folgende drei Gleichungen aufstellen:

Für 15% Wassergehalt im Brennstoff

$$q_A\% = \left(0,00747 + \frac{0,626}{CO_2}\right)(t_g - t_l) . \qquad (142)$$

Für 50% Wassergehalt im Brennstoff

$$q_A\% = \left(0,01459 + \frac{0,680}{CO_2}\right)(t_g - t_l) \qquad (143)$$

und für 60% Wassergehalt im Brennstoff

$$q_A\% = \left(0,0194 + \frac{0,720}{CO_2}\right)(t_g - t_l) . \qquad (144)$$

In Zahlentafel 5 sind die Werte für $A$, $B$ und $C$ aus Gleichung (126) zusammengestellt, $A + B$ und $C$ entsprechen den Werten $A$ und $B$ in Gleichung (100). Man kann daher den ganzen Bereich der Braunkohlen bei verschiedenem Wassergehalt durch die Formel (100) erfassen.

Unvollkommene Verbrennung.

Bei unvollkommener Verbrennung bietet sich dasselbe Bild wie beim Abgasverlust. Infolge der Veränderlichkeit des Ausdrucks $V/H_u$ ist der Beiwert $A$ der Gleichung

$$q_{CO}\% = \frac{A \cdot CO}{CO_2 + CO} , \qquad (145)$$

worin $A = \dfrac{k \cdot V \cdot 3050}{H_u}$ ist, eine Funktion des Wassergehaltes. $A$ kann der Kurventafel Abb. 18 entnommen werden. Eine ähnliche Formel ist von Brauss aufgestellt worden, sie lautet:

$$q_{CO}\% = \frac{70 \cdot CO}{CO_2 + CO} . \qquad (146)$$

Aus Abb. 18 kann man entnehmen, daß diese Formel nur für einen ganz bestimmten Wassergehalt, nämlich etwa 62%, Gültigkeit hat.

In ganz gleicher Weise können die Formeln (102) bis (111) für flüssige und gasförmige Brennstoffe abgeleitet werden.

## Verluste durch Unverbranntes.

Für die Verluste durch unverbrannte Gasbestandteile wurden bereits Näherungsformeln entwickelt. Genaue Werte sind aus der Elementaranalyse des Brennstoffs und der Gasanalyse zu berechnen. Die Heizwerte der Gase sind der Tabelle, Anhang I, S. 124 zu entnehmen.

Neben diesen Verlusten treten Verluste durch Unverbranntes durch den Rostdurchfall (Brennstoffverlust), durch mangelhaften Ausbrand, Einschluß brennbarer Bestandteile in den Schlacken, durch Flugkoks und durch Rußbildung (Kohlenstoffverlust) auf. Da es sich bei allen diesen Verlusten um größtenteils oder ganz entgaste Brennstoffbestandteile handelt, kann man ihren Heizwert mit 8050—8150 kcal/kg annehmen und sie somit aus der Mengenmessung und der Bestimmung des Brennbaren (durch Veraschung einer Durch-. schnittsprobe) mit genügender Genauigkeit ermitteln. Hier stellt sich jedoch eine sehr große Schwierigkeit ein, nämlich die, daß man den Flugkoks- und Rußanteil mengenmäßig gar nicht oder sehr ungenau erfassen kann. Die meisten Versuche, diese Verluste rechnungsmäßig zu erfassen, scheitern an der Überempfindlichkeit der aufgestellten Formeln, die bei den geringsten, unvermeidlichen Analysenfehlern praktisch schon nicht mehr brauchbare Werte ergeben[1]). Zu erwähnen ist besonders die von Ebel bei minderwertigen Brennstoffen mit Erfolg angewendete Methode[2]).

Es ist darauf zu achten, daß alle angegebenen Methoden zur Bestimmung der Abwärmeverluste nur den Teil des Brennstoffs erfassen, der wirklich vergast bzw. verbrannt ist.

Hat man dagegen durch Messung oder gegebenenfalls auch durch Schätzung einen Brennstoff- bzw. C-Verlust festgestellt, so sind die nach Messung und Rechnung aus Gleichung (140) ermittelten Abgas- und CO-Verluste auf den ver-

---

[1]) So z. B. Helbig, „Die rechnerische Erfassung der Verbrennungsvorgänge", Halle 1924 und „Die Verbrennungsrechnung", Berlin 1926, ferner Eberle, Arch. f. Wärmew. XII (1925), S. 326. Siehe hierzu Gumz, „Der Kohlenstoffverlust." Feuerungstechn. XV (1927), 8, S. 85—88.

[2]) Glückauf 59 (1923), S. 869, 889 u. 914.

bleibenden Rest wirklich verbrauchten Brennstoffs zu beziehen. Wären z. B. in einem praktischen Fall ermittelt: 5% Rostdurchfall einschließlich Unverbranntem in den Rückständen und Rußbildung, 20% Abgasverlust und 3% CO-Verlust, so sind nur etwa 95% des Brennstoffs wirklich verbrannt, und der Abgasverlust, bezogen auf den in die Feuerung eingeführten Brennstoff beträgt $0,95 \cdot 20 = 19\%$, der CO-Verlust $0,95 \cdot 3 = 2,85\%$.

### Leitungs- und Strahlungsverluste.

Die Wärmeabgabe eines Kessels kann durch Ermittlung der Abkühloberflächen und ihrer Temperatur (z. B. durch Abtasten mit einem Thermoelement) ermittelt werden. Sie ist sehr stark abhängig von der absoluten Größe der spezifischen Leistung des Kessels. Ferner auch von der Art der Feuerung (Innen-, Unter- oder Vorfeuerung). Bei kleineren und mittleren Kesseln ($100$—$500 \text{ m}^2$) rechnet man mit Verlusten in der Größenordnung 6—4%, bei Größen 1000 bis 2000 $\text{m}^2$ nur etwa 3—1%. Die Wärmeübergangszahlen zwischen Kesselaußenmauerwerk und umgebender Luft liegen in der Größenordnung von $4 \div 5 \text{ kcal/m}^2 \text{h}^\circ \text{C}$.

Bei Öfen nehmen diese Verluste beträchtlich größere Werte an, da es sich im allgemeinen um relativ größere und heißere Oberflächen handelt. In vielen Fällen ist ein größerer Wärmeverlust sogar erwünscht, da die Kühlung für die Haltbarkeit der Gewölbe usw. notwendig ist. Ebenso spielen die Verluste durch Wärmeableitung durch den Herd in das Fundament, durch die Strahlung der heißen Ofentüren, durch herausschlagende Flammen, herausragende sperrige Werkstücke usw. eine große Rolle[1].

Sofern keine sehr genauen Messungen vorliegen, enthalten die sog. „Restverluste" außer den Leitungs- und Strahlungsverlusten auch die Verluste durch Flugkoks und Rußbildung sowie alle sonst nicht erfaßten Verluste und endlich die etwaigen Meßfehler.

### Wirkungsgradsdefinitionen.

Im Anschluß daran seien einige für die Berechnung von Kesseln und Öfen wichtige Definitionen für die Wirkungsgrade und die Brennstoffmengen angegeben.

---

[1] Ausführlich behandelt in Trinks, „Industrieöfen" I. Berlin 1928. VDI-Verlag.

Bezeichnet man das Verhältnis der nutzbaren Gasabkühlung im $Jt$-Diagramm zum unteren Heizwert als theoretischen Wirkungsgrad $\eta_{th}$, so kann man hieraus den theoretischen Brennstoffaufwand $B_{th}$ kg/h errechnen

$$B_{th} = \frac{Q}{H_u \cdot \eta_{th}}, \qquad (147)$$

worin $Q$ beim Kessel die dem Wasser und Dampf stündlich zuzuführende Wärmemenge bedeutet. Zieht man vom theoretischen Wirkungsgrad die Verluste durch die Wärmeabgabe des Kessels nach außen ab, die gewissermaßen einen „Gütegrad" bedingen und hauptsächlich von der Lage der Feuerung zum Kessel, der Isolierung und der absoluten Größe des Kessels abhängen, so erhält man den Heizflächenwirkungsgrad und daraus die „gasbildende Brennstoffmenge", d. h. es sind alle Verluste erfaßt, die die Rauchgase nach ihrer Entstehung aus dem Brennstoff erleiden. Bezeichnet man den Heizflächenwirkungsgrad mit $\eta_h$, die gasbildende Brennstoffmenge mit $B_g$, dann ist

$$B_g = \frac{Q}{H_u \cdot \eta_h}, \qquad (148)$$

und endlich ist

$$B = \frac{Q}{H_u \cdot \eta_{ges}}, \qquad (149)$$

d. h. zur Ermittlung der wirklichen Brennstoffmenge $B$ ist der Gesamtwirkungsgrad, der Kesselwirkungsgrad einschließlich des Feuerungswirkungsgrades, zu verwenden. Eine solche Unterteilung ist aus folgenden Gründen zweckmäßig:

1. Die zu verfeuernde Brennstoffmenge ist $B$; aus ihr sind die spezifischen Rostleistungen und die Rostabmessungen zu bestimmen.

2. Aus der gasbildenden Brennstoffmenge $B_g$ wird die Gasmenge, die Gasgeschwindigkeit und der von ihr abhängende Wärmedurchgangskoeffizient $k$ bestimmt. Ebenso können sämtliche Temperaturverhältnisse im Kessel an Hand des $Jt$-Diagramms unter Benutzung der Brennstoffmenge $B_g$ bestimmt werden, wobei jedoch die durch Wärmeverluste nach außen abgeführten Wärmemengen ebenfalls erscheinen und berücksichtigt werden müssen.

3. **Rechnet man dagegen mit der theoretischen Brennstoffmenge**, so gibt das $Jt$-Diagramm sogleich die richtigen Verhältnisse mit einer gewissermaßen gleichmäßigen Berücksichtigung der Verluste durch Abstrahlung.

Es empfiehlt sich daher, die Feuerung und den Gesamtkesselwirkungsgrad mit der Gesamtbrennstoffmenge $B$ zu berechnen, die Geschwindigkeiten und Querschnitte nach der gasbildenden Brennstoffmenge $B_g$ zu bestimmen und für die Ermittlung der Temperaturen und Leistungen die theoretische Brennstoffmenge $B_{\mathrm{th}}$ zu benutzen.

### Abhängigkeit des Wirkungsgrades von der Belastung.

Um besonders den Einfluß der Kesselbelastung zu verdeutlichen, haben Funk und Ralston[1]) in folgender Weise diese Abhängigkeit in die Form einer mathematischen Gleichung gekleidet. Ausgehend von der Bilanzkurve, die den Wärmeaufwand in Abhängigkeit von der Wärmeleistung darstellt, gelangt man theoretisch, d. h. ohne Einbeziehung irgendwelcher Verluste, bei gleichen Maßstäben für den Wärmeaufwand ($y$) und die Wärmeleistung ($x$) zu einer geraden, unter $45°$ verlaufenden Linie ($D$ in Abb. 20)

$$y = x. \tag{150}$$

Hierzu kommt ein konstanter Verlust

$$y = c, \tag{151}$$

der sog. Leerlaufsverlust, der unter anderem auch die Ventilatorenarbeit und sonstige mechanische Antriebe im Leerlauf enthält. Als drittes sind diejenigen Verluste anzuführen, die mit wachsender Belastung ansteigen, so z. B. die Vergrößerung des Strahlungsverlustes, die Erhöhung der Abgastemperatur, die Steigerung des Verbrennlichen in den Rückständen, der wachsende Kraftverbrauch der Ventilatoren usw., Verluste, die mit wachsender Belastung stärker als linear zunehmen nach einem Gesetz von der Form

$$y = a \cdot x^b, \tag{152}$$

worin $b > 1$ ist. Endlich ergeben sich, besonders bei sehr geringen Belastungen, Verluste durch die Schwierigkeit in der Aufrechterhaltung geringer Brennstoff-Schichtdicken, durch die geringe Luftgeschwindigkeit und die niedrige Verbrennungstemperatur, die sich in die Form

$$y = d \cdot e^{-fx} \tag{153}$$

bringen lassen. Diese vier Größen addiert ergeben die Bilanzkurve ($B$ in Abb. 20), die sich aus der Kesseluntersuchung ergibt, zu

$$y = x + a \cdot x^b + d \cdot e^{-fx} + c, \tag{154}$$

und daraus wird der Wirkungsgrad

$$\eta = \frac{x}{y} \tag{155}$$

---

[1]) N. E. Funk und Farly C. Ralston, „Boiler Plant Economics“. Transactions Am. Soc. Mech. Eng. 45 (1923), S. 607.

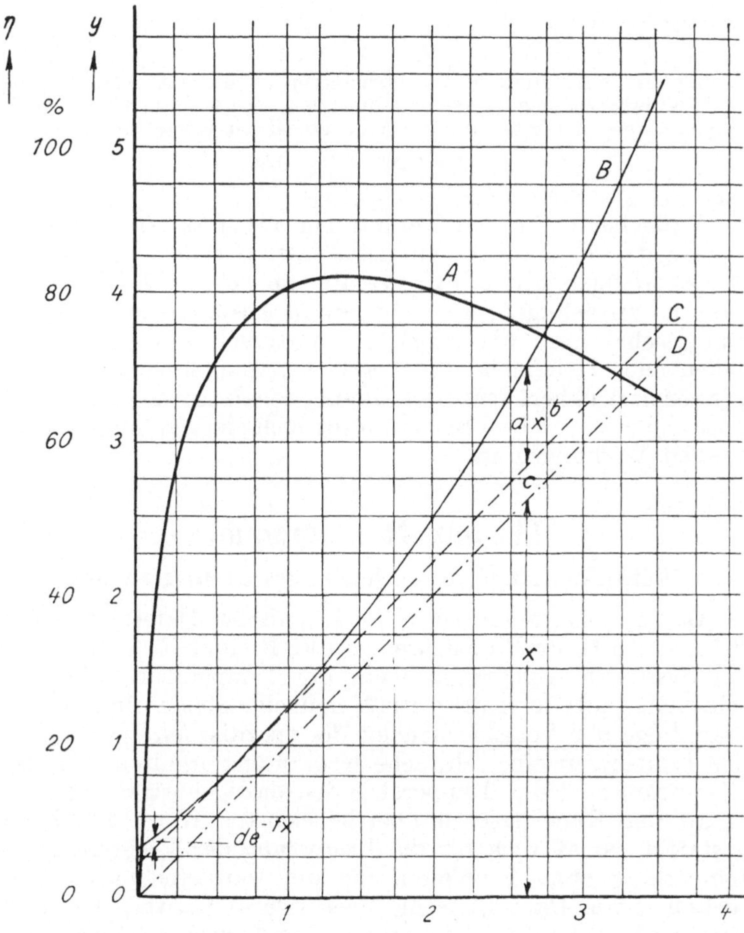


Abb. 20. Bilanz- und Wirkungsgradskurve eines Dampfkessels.

für jede gewünschte Belastung ermittelt. Zur Zergliederung der experimentell gefundenen Bilanzkurve bildet man

$$z = y - x = a \cdot x^b - c, \qquad (156)$$

was unter Vernachlässigung des Gliedes $d \cdot e^{-fx}$ den Gesamtverlust darstellt. Wählt man drei Punkte $x_1$, $x_2$ und $x_3$ auf der Bilanzkurve so, daß $\dfrac{x_2}{x_1} = \dfrac{x_3}{x_2}$ wird, so wird

$$c = z_0 = \frac{z_2 - \dfrac{z_2 - z_1}{z_3 - z_2} \cdot z_3}{1 - \dfrac{z_2 - z_1}{z_3 - z_2}} \qquad (157)$$

und für $x = 1$

$$z = a + c, \tag{158}$$

so daß die Berechnung von $b$ übrigbleibt. Um die Größenordnung
der Beiwerte zu zeigen, sei erwähnt, daß Funk und Ralston als
Zahlenbeispiel für den von ihnen untersuchten Kessel angeben

$$y = x + 0,02 \cdot x^{3,46} + 0,27 . \tag{159}$$

Darin ist $x = 100\%$ rating $= 1$ gesetzt[1]).

Maßgebend für den Verlauf der $\eta$-Kurve ist besonders
das Glied $a \cdot x^b$, je mehr sich dieses einer Geraden anschmiegt,
um so weniger fällt die Kurve ab, um bei $b = 1$ schließlich
dauernd anzusteigen. Bei sehr gutem Ausbrand und bei viel
nachgeschalteter, die Abgastemperaturschwankungen aus-
gleichender Heizfläche (z. B. große Ekonomiser und Luftvorwärmer) nähert man sich diesem Idealzustand und erhält
über einen sehr weiten Belastungsbereich einen wenig schwan-
kenden Wirkungsgrad.

# IV. Das $Jt$-Diagramm.

### Entwicklung und Aufzeichnung des $Jt$-Diagramms.

Das $Jt$-Diagramm ist eine graphische Darstellung des
Wärmeinhalts der Rauchgase aus 1 kg Brennstoff (bzw. 1 nm$^3$
bei Gasen) in Abhängigkeit von der Temperatur. Für verschiedene Luftüberschüsse erhält man eine Schar von Kurven,
die infolge der Veränderlichkeit der spezifischen Wärme mit
der Temperatur eine schwache Krümmung erhalten. Da das
Diagramm zu jeder Temperatur den dazugehörigen Wärmeinhalt der Rauchgase in übersichtlichster Weise abzulesen
gestattet, ist es auch für die Ermittlung der Verbrennungstemperatur ohne Probieren, für die wärmetechnische Berechnung von Dampfkesseln, Überhitzern, Vorwärmern usw.
sehr geeignet und liefert schnelle und sichere Ergebnisse.

Zur Aufzeichnung des $Jt$-Diagramms geht man folgender-
weise vor. Durch Berechnung der theoretischen Verbrennung
des durch seine Elementaranalyse gegebenen Brennstoffes
nach Kap. II, S. 17ff. erhält man die Zusammensetzung des
Rauchgases, kann seine mittlere spezifische Wärme[2]) und
damit den Wärmeinhalt

$$J = V \cdot (C_{pm})_0^t \cdot t \tag{160}$$

---

[1]) Die amerikanische Kesselleistungsangabe 100 % rating s. Anhang S. 127.
[2]) Zahlenwerte im Anhang S. 124.

bei verschiedenen Temperaturen ermitteln und über der Temperatur auftragen. Zweckmäßig werden Temperaturstufen von 500 zu 500° oder höchstens von 250 zu 250° gewählt. Man hat so die $Jt$-Kurve für $n=1$ erhalten. Addiert man zu diesen Werten den Wärmeinhalt der theoretischen Verbrennungsluftmenge

$$J_l = L_{\min} \cdot (C_{p\,lm})_0^t \cdot t. \tag{161}$$

so erhält man gemäß den Ausführungen S. 19/21 gleich die $Jt$-Kurve für $n=2$. Alle Zwischenwerte erhält man dann einfach durch direkt proportionale Teilung von $J_l$, da der Wärmeinhalt eine lineare Funktion von $n$ ist. Teilt man z. B. $J_l$ in fünf gleiche Teile, so erhält man sofort die Punkte für $n=1,2,\ 1,4,\ 1,6$ und $1,8$, durch nochmaliges Auftragen von $J_l$ die $Jt$-Kurve für $n=3$ usf.

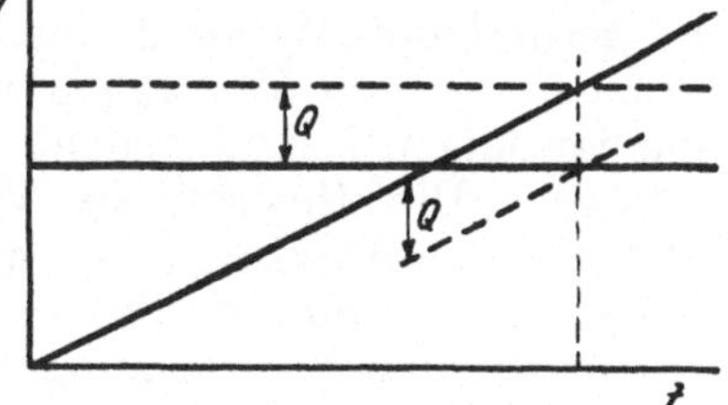


Abb. 21. $Jt$-Diagramm mit Brennstoffvorwärmung.

Alle Punkte gleichen Luftüberschusses werden verbunden und ergeben das vollständige, spezielle (d. h. auf den betreffenden Brennstoff bezogene) $Jt$-Diagramm. Der Schnittpunkt der $Jt$-Kurven mit einer im Abstand $H_u$ (unterer Heizwert) gezogenen, zur $t$-Achse parallelen Geraden gibt die theoretische Verbrennungstemperatur bei dem betreffenden Luftüberschuß unmittelbar an. Trotz der gelegentlichen Empfehlung und Verwendung der Verbrennungswärme (oberer Heizwert) empfiehlt sich in diesem Falle die Benutzung des unteren Heizwertes, da die $Jt$-Kurven sonst am Taupunkt durch die Verdampfungswärme des Wassers eine Unstetigkeit erhalten müßten.

Der Wärmeinhalt des Brennstoffes, der eigentlich der fühlbaren Wärme hinzuzuaddieren wäre, kann vernachlässigt werden, solange dieser nicht vorgewärmt ist. Für Steinkohlen z. B. hat Coles[1]) die spez. Wärme in Abhängigkeit vom Wassergehalt zu 0,26—0,35 kcal/kg gefunden zwischen 2 und 15% Wassergehalt. Anders liegen die Verhältnisse bei den meisten Gas- und Ölfeuerungen, bei denen mitunter, besonders bei Industrieofenfeuerungen, sehr hohe Brennstoffvorwärmungen angewendet werden. In diesem Falle müßte der Wärmeinhalt des Brennstoffes strenggenommen von der fühlbaren

---

[1]) Siehe Feuerungstechnik XIV, 11, S. 125. Ferner d'Huart, Zentralbl. d. Hütten u. Walzwerke 31 (1927), 10, S. 120.

Wärme des Rauchgases abgezogen werden, da diese Wärmemenge nicht mehr vom Heizwert aufgebracht werden muß, worin der wärmetechnische Vorteil der Vorwärmung liegt. Das Ergebnis bleibt jedoch dasselbe, wenn man um der Einfachheit der zeichnerischen Darstellung willen den Wärmeinhalt des Brennstoffes nicht von der entbundenen Wärme abzieht, sondern zur gebundenen Wärme (= Heizwert) addiert (s. Abb. 21).

Dasselbe gilt für die Vorwärmung der Verbrennungsluft, jedoch mit dem Unterschied, daß mit wachsendem Luftüberschuß die Luftmenge und daher auch der Wärmeinhalt der Luft, bezogen auf die Gewichts- oder Raumeinheit des Brennstoffes, zunimmt und daß diese Wärmemenge, zum Heizwert addiert, keine achsenparallele Gerade mehr, sondern eine gegen die Ordinatenachse hin ansteigende Kurve ergibt. Die gefundenen Werte können dann in einfacher Weise in das $Jt$-Diagramm übertragen werden, indem man sie auf der zum jeweiligen Luftüberschuß gehörigen Rauchgas-$Jt$-Kurve markiert. Die theoretische Verbrennungstemperatur kann dann auf der Abszissenachse abgelesen werden; sie ist stets kleiner als die Summe der theoretischen Verbrennungstemperaturen ohne Vorwärmung und der Lufttemperatur. Bezogen auf eine Außentemperatur $> 0°$ ist diese Temperatur (nicht die Heißlufttemperatur) zu der gefundenen Verbrennungstemperatur hinzuzuaddieren.

Der Wärmeinhalt der Gase und evtl. des Brennstoffs ist dann von der Lufttemperatur an zu rechnen, jedoch begeht man keinen merklichen Fehler, wenn man unter Vernachlässigung der wirklichen Lufttemperatur mit einer Bezugstemperatur von $0°$ rechnet.

Bei der Verfeuerung mit kleinen Luftüberschüssen und bei hoher Luftvorwärmung wird bereits ein Temperaturgebiet erreicht, in welchem der Zerfall der Kohlensäure und des Wasserdampfes die einfache Gesetzmäßigkeit der Temperatureinstellung stört. Diese Dissoziationserscheinung beginnt bereits bei etwa 1500° einzusetzen und übt bei hohen Vorwärmungen von Brennstoff (Gas, Öl) und Verbrennungsluft immerhin so große Einflüsse aus, daß sie nicht ohne weiteres vernachlässigt werden darf. Der Zerfall der Kohlensäure und des Wasserdampfes ist durch die Umkehrbarkeit der Reaktionen

$$2\,CO + O_2 \rightleftarrows 2\,CO_2 \tag{162}$$

$$2\,H_2 + O_2 \rightleftarrows 2\,H_2O \tag{163}$$

bedingt. Bestand also vorher die im Heizwert gebundene und bei der Verbrennung entbundene Wärmemenge in dem bei allen Temperaturen konstanten Betrag $H_u$, so bleibt nunmehr nach Eintritt der Dissoziation ein Teil dieser Wärme im Heizwert der Dissoziationsprodukte CO und $H_2$ gebunden, und zwar ein mit steigender Temperatur wachsender Betrag. Das $Jt$-Diagramm besteht also nicht mehr aus der Funktion des Wärmeinhaltes der Rauchgase in Abhängigkeit von der Temperatur und einer achsenparallelen Geraden, sondern diese Gerade wird vom Gebiete von etwa 1500° an ebenfalls eine Funktion der Temperatur, und die Aufgabe, die theoretische Verbrennungstemperatur zu ermitteln, ist darauf zurückgeführt, den zu jeder Temperatur gehörigen Wärmeinhalt und den entsprechenden Betrag an **wirklich** entbundener Wärme zu ermitteln und diese beiden $Jt$-Kurven miteinander zum Schnitt zu bringen. Hierzu ist es notwendig, die Größe der Dissoziation, die vom Teildruck des Gases und seiner Temperatur beeinflußt wird, zahlenmäßig festzustellen.

Jede chemische Reaktion verläuft mit einer gewissen Geschwindigkeit, die abhängig ist von der räumlichen Konzentration ($c_1, c_2 \ldots$) der beteiligten Stoffe ($1, 2 \ldots$) und einem Geschwindigkeitskoeffizienten

$$v = k \cdot c_1 \cdot c_2 . \tag{164}$$

Sind $n_1$ Moleküle des Stoffes 1, $n_2$ Moleküle des Stoffes 2 usw. vorhanden, so ist

$$v = k \cdot c_1^{n_1} \cdot c_2^{n_2} \ldots , \tag{165}$$

da sich z. B. bei $n_1 = 2$ und $n_2 = 1$ der Ausdruck $v$ zusammensetzt aus den Faktoren $k \cdot c_1 \cdot c_1 \cdot c_1^2 = k \cdot c_1^2 \cdot c_2$. Für den in umgekehrter Richtung verlaufenden Prozeß gilt entsprechend

$$v' = k' \cdot c_1'^{n_1'} \cdot c_2'^{n_2'} \ldots \tag{166}$$

Da die Reaktion in beiden Richtungen möglich ist, so tritt ein Gleichgewichtszustand nur dadurch ein, daß der von rechts nach links verlaufende Vorgang den im umgekehrten Sinne verlaufenden gerade aufhebt oder die Reaktionsgeschwindigkeit

$$V = v - v' = k \cdot c_1^{n_1} \cdot c_2^{n_2} \ldots - k' \cdot c_1'^{n_1'} \cdot c_2'^{n_2'} \ldots = 0 , \tag{167}$$

woraus die Gleichgewichtskonstante gefunden wird zu

$$K = \frac{k}{k'} = \frac{c_1'^{n_1'} \cdot c_2'^{n_2'} \ldots}{c_1^{n_1} \cdot c_2^{n_2} \ldots} . \tag{168}$$

Für Gase wird die Gleichgewichtskonstante

$$K_p = \frac{p_1'^{n_1'} \cdot p_2'^{n_2'} \ldots}{p_1^{n_1} \cdot p_2^{n_2} \ldots} , \tag{169}$$

da nach dem Avogadroschen Gesetz der Partialdruck ($p_1, p_2 \ldots$) nur von der Molekülzahl (direkt proportional) abhängt. Also für das Dissoziationsgleichgewicht der Kohlensäure z. B.

$$K_p = \frac{p_{CO}^2 \cdot p_{O_2}}{p_{CO_2}^2} . \tag{170}$$

Die Konstanten $K_p$ und $K$ sind durch die Zustandsgleichung

$$p \cdot v = n \cdot R \cdot T \tag{171}$$

miteinander verknüpft. Die Abhängigkeit der Gleichgewichtskonstanten von der Temperatur für die Dissoziationsgleichgewichte der Kohlensäure und des Wasserdampfes sind von Nernst, v. Wartenberg, Bjerrum u. a. empirisch ermittelt. Der Einfluß des Druckes des reagierenden Systems

$$P = p_{CO_2} + p_{CO} + p_{O_2} \tag{172}$$

geht aus folgender Betrachtung hervor. Von $2\,n$ Molekülen $CO_2$ sind nach der Dissoziation von $x$ Molekülen vorhanden:

$$2\,CO_2 \;\rightleftarrows\; 2\,CO + O_2$$

$$2\,n\,(1-x) \quad 2\,xn \quad xn \ \text{ Moleküle.} \tag{173}$$

Die Gesamtzahl der Moleküle ist auf $(2+x)n$ gestiegen. Setzt man nun das Verhältnis des Partialdrucks der einzelnen Komponenten zum Gesamtdruck des reagierenden Systems gleich dem Verhältnis der entsprechenden Molekülzahlen, löst die erhaltenen 3 Gleichungen nach dem Partialdruck der reagierenden Komponenten auf, so erhält man die 3 Gleichungen

$$\frac{p_{O_2}}{P} = \frac{xn}{(2+x)\,n}, \tag{174}$$

$$\frac{p_{CO}}{P} = \frac{2\,xn}{(2+x)\,n} \tag{175}$$

und

$$\frac{p_{CO_2}}{P} = \frac{2\,n\,(1-x)}{(2+x)\,n} \tag{176}$$

und daraus

$$p_{O_2} = \frac{x \cdot P}{2+x}, \tag{177}$$

$$p_{CO} = \frac{2\,xP}{2+x}, \tag{178}$$

$$p_{CO_2} = \frac{(2-2\,x)\,P}{2+x}. \tag{179}$$

Setzt man diese Ausdrücke in Gleichung (170) ein, so erhält man durch Ausmultiplizieren das Ergebnis

$$K_p = \frac{p_{CO}^2 \cdot p_{O_2}}{p_{CO_2}^2} = \frac{P \cdot x^3}{(2+x)\,(1-x)^2} \tag{180}$$

und einen analog aufgebauten Ausdruck für die Wasserdampfdissoziation. Da

$$K = \frac{K_p}{RT} \tag{181}$$

gesetzt werden kann, ergibt sich

$$K = \frac{1}{RT} \cdot \frac{P \cdot x^3}{(2+x)\,(1-x)^2}. \tag{182}$$

Dieser Ausdruck läßt die Abhängigkeit der Dissoziation von Druck und Temperatur erkennen und gestattet bei bekannter Funktion $K = f(T)$ die Dissoziationsgrade zu ermitteln. Menzel[1]) hat diese Werte im Bereich von $t = 1500$—$2800°$ und $p = 0,1$—$1,0$ at errechnet und tabellarisch und in Diagrammen in eine praktisch leicht zu handhabende Form gebracht.

Die Abhängigkeit des Dissoziationsgrades vom Gesamtdruck des reagierenden Systems hat zur Folge, daß eine Beimengung eines Dissoziationsproduktes (unter Volumzunahme) den Gesamtdruck des reagierenden Systems steigert, die Dissoziation also zurückdrängt.

---

[1]) Dr.-Ing. H. Menzel, „Die Theorie der Verbrennung". Dresden und Leipzig 1924, Th. Steinkopff.

Das Eintreten einer Dissoziation, welches Zunahme des Druckes verursacht, wirkt also in diesem Sinne auf die Dissoziation ein, ebenso beeinflussen sich Wasserdampf- und Kohlensäuredissoziation, wenn sie, wie dies praktisch fast immer der Fall ist, gemeinsam auftreten, und zwar wirkt die Dissoziation der Kohlensäure, da sie bei gleicher Temperatur größer ist als die Wasserdampfdissoziation, stärker auf diese ein als umgekehrt. Diese Einflüsse, die an dem durchgeführten

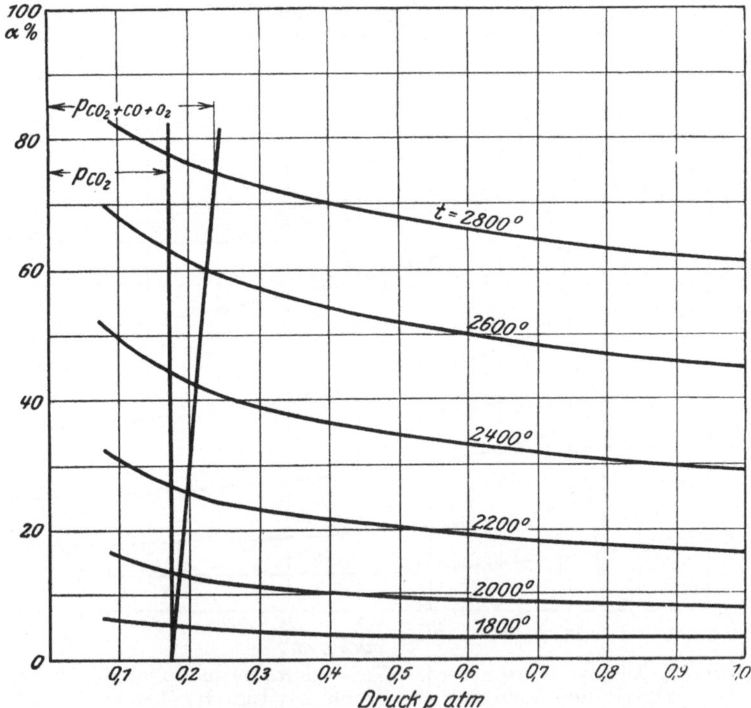


Abb. 22. Dissoziationsgrade der Kohlensäure in Abhängigkeit von Druck und Temperatur. (Nach Dr.-Ing. H. Menzel.)

Zahlenbeispiel und den Abb. 22 und 23 leicht erkannt werden können, müssen bei der Ermittlung der Dissoziationsgrade sehr wohl berücksichtigt werden.

Die Beimengung eines indifferenten Gases (z. B. Stickstoff) ist im Grunde genommen ohne direkten Einfluß auf das Dissoziationsgleichgewicht, sie verschiebt jedoch den Gesamtdruck des reagierenden Systems, der nunmehr ein Partialdruck des Gases geworden ist, nach der Seite der kleineren Drücke und der höheren Dissoziationsgrade. Verbrennung mit Luftüberschuß bedeutet, daß sowohl ein Überschuß an reagierenden Komponenten ($O_2$) auftritt, der die Dissoziation zu verringern sucht, als auch eine Beimengung eines indifferenten Gases ($N_2$), welches die Dissoziation vergrößert. Als Endergebnis dieser doppelten Beeinflussung findet man im unten durchgeführten Zahlenbeispiel eine unwesentliche Verringerung der Dissoziation. Das Gegeneinanderarbeiten beider Einflüsse hält die Verschiebung der Dissoziationsgrade jedoch in so engen Grenzen, daß man bei den praktisch auftretenden Luftüberschüssen keine Rücksicht darauf zu nehmen braucht. Stärker wirkt sich ein Gasüberschuß (Luftmangel) aus, da hier nur die Wirkung eines gesteigerten Druckes der reagierenden Komponenten (CO, $H_2$) ohne die Gegenwirkung indifferenter Gase in Erscheinung tritt.

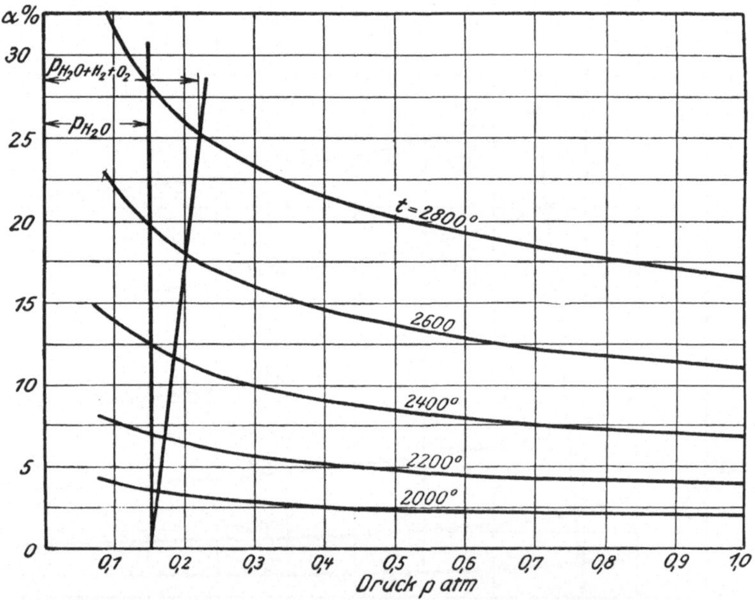


Abb. 23. Dissoziationsgrade des Wasserdampfes in Abhängigkeit von Druck und Temperatur. (Nach Dr.-Ing. H. Menzel.)

Die Durchführung der graphischen Temperaturermittlung soll im folgenden an Hand des Zahlenbeispiels eines aus Braunkohlenbrikett erzeugten Generatorgases erläutert werden, welches, bezogen auf nasses Gas, folgende Zusammensetzung aufweist:

$$26,2\% \;\; CO$$
$$13,8\% \;\; H_2$$
$$2,5\% \;\; CH_4$$
$$5,2\% \;\; CO_2$$
$$38,4\% \;\; N_2$$
$$13,9\% \;\; H_2O$$

$$\overline{100,0\%}$$

entsprechend einem Wassergehalt von 130 g/m³ trockenen Gases. Der untere Heizwert beträgt 1220 kcal/m³. Die theoretische Verbrennungstemperatur ohne Berücksichtigung der Dissoziation findet man, indem man im $Jt$-Diagramm die im Abstand $H_u = 1220$ gezogene Parallele zur $t$-Achse zum Schnitt bringt mit der $J$-Kurve, die den Wärmeinhalt der Verbrennungsprodukte von $1\,m^3$ verbranntem Frischgas darstellt. Wird die Verbrennungsluft und das Frischgas vorgewärmt, so muß der Wärmeinhalt der Luft $(Q_l)$ und des Gases $(Q_g)$ zu $H_u$ addiert werden. $Q_l$ ist ebenfalls eine Funktion der Luftüberschußzahl, die für verschiedene Lufttemperaturen in ähnlicher Weise wie beim Rauchgas ermittelt wird.

Greifen wir zur Untersuchung des Dissoziationseinflusses zunächst den extremsten und daher wichtigsten Fall der vollständigen Verbrennung mit theoretischer Luftmenge heraus. Tritt Dissoziation ein, so ändert sich sowohl die Zusammensetzung als auch das Volumen des Rauchgases. Die Kohlensäure und Wasserdampfbestandteile, die eine größere spez. Wärme $(C_p)$ haben als ihre Zerfallskomponenten CO bzw. $H_2$ und $O_2$, bewirken eine Verkleinerung der mittleren spez. Wärme und des Wärmeinhaltes, die durch die Dissoziation hervorgerufene Volumzunahme eine Vergrößerung des Wärmeinhaltes derart daß beide Einflüsse sich aufheben und die $J$-Kurve für das undissoziierte und das dissoziierte Rauchgasvolumen von $1\,m^3$ verbranntem Frischgas Gültigkeit hat[1]).

Zur Ermittlung des Dissoziationsgrades aus den Tabellen oder Kurven, die $\alpha$ als Funktion von $t$ und $P$ darstellen, setzen wir zunächst in erster Annäherung

$$p_{CO_2 + CO + O_2} = p_{CO_2}$$

und

$$p_{H_2O + H_2 + O_2} = p_{H_2O}\,,$$

eine Annahme, die einer Korrektur bedarf, da mit steigender Temperatur der Gesamtdruck des reagierenden Systems wächst, und da der entstehende Sauerstoff der einen Dissoziation die andere beeinflußt. Für $n = 1$ beträgt der $CO_2$-Gehalt 17,03 %, und wenn wir den Gesamtgasdruck allgemein gleich 1 at setzen, ist $p_{CO_2} = 0,1703$ at und bei $t = 2800^\circ$ $\alpha_{CO_2} = 78\,\%$, der $H_2O$-Gehalt 16,43 %, $p_{H_2O} = 0,1643$ at und $\alpha_{H_2O} = 27\,\%$. Rechnen wir mit diesen Dissoziationsgraden, so ergäbe sich bei $t = 2800^\circ$ folgende Gaszusammensetzung:

$$
\begin{array}{rclcll}
 & & & & \text{Raumteile} & \text{Prozent} \\
V_{CO_2} \cdot \alpha_{CO_2} &=& 17,03 \cdot 0,78 &=& 13,28\ CO &= 12,20\ CO \\
V_{CO_2}\,(1 - \alpha_{CO_2}) &=& 17,03 - 13,28 &=& 3,75\ CO_2 &= 3,44\ CO_2 \\
\dfrac{V_{CO_2} \cdot \alpha_{CO_2}}{2} + \dfrac{V_{H_2O} \cdot \alpha_{H_2O}}{2} &=& 6,64 + 2,22 &=& 8,86\ O_2 &= 8,14\ O_2 \\
V_{H_2O} \cdot \alpha_{H_2O} &=& 16,43 \cdot 9,27 &=& 4,44\ H_2 &= 4,08\ H_2 \\
V_{H_2O}\,(1 - \alpha_{H_2O}) &=& 16,43 - 4,44 &=& 11,99\ H_2O &= 11,01\ H_2O \\
V_{N_2} & & &=& 66,54\ N_2 &= 61,13\ N_2 \\
\hline
 & & & & 108,86\ RT & 100,00\ \%
\end{array}
$$

Der Druck $p_{CO_2 + CO + O_2}$ ist bei $2800^\circ$ auf $0,2378$ at angewachsen gegenüber $p_{CO_2} = 0,1703$ at bei undissoziiertem Gas, ebenso $p_{H_2O + H_2 + O} = 0,2323$ at bei $2800^\circ$ gegenüber $p_{H_2O} = 0,1643$ at bei undissoziiertem Gas. Man erkennt hieraus auch, daß die Beeinflussung der $H_2O$-Dissoziation durch die $CO_2$-Dissoziation größer ist als um-

---

[1]) Vgl. auch Feuerungstechnik XIV (1926) 22/23, S. 261 u. 273.

gekehrt. Dem vergrößerten Druck des Kohlensäure- und Wasserdampfsystems sind nun kleinere Dissoziationsgrade zugeordnet, als vorher angenommen worden war, und eine zweite Korrektur im gleichen Sinne könnte vorgenommen werden. Die dadurch bedingte Verschiebung der Teildrücke und Dissoziationsgrade ist jedoch ganz gering und ohne jeglichen Einfluß auf das Ergebnis, so daß sich diese zweite Korrektur erübrigt.

Dieselbe Korrekturberechnung könnte nun auch für andere Temperaturen, z. B. $t = 2400°$ usw., vorgenommen werden, für die praktische Rechnung genügt jedoch die Kenntnis zweier Punkte ($t = 0°$

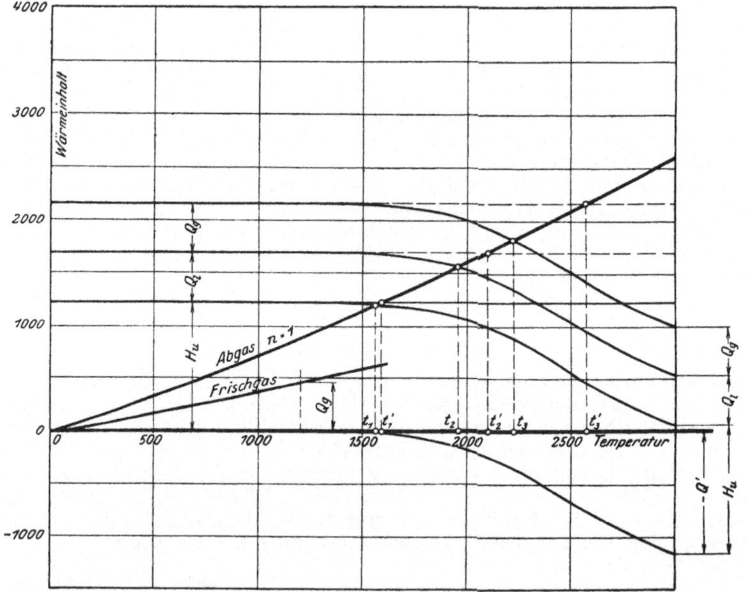


Abb. 23 a. Ermittlung der Verbrennungstemperatur von Generatorgas mit Hilfe des $Jt$-Diagramms unter Berücksichtigung der Dissoziation.

und $t = 2800°$), die man geradlinig miteinander verbinden kann. Diese von $p_{CO_2}$ bei $0°$ zu $p_{CO_2 + CO + O_2}$ bei $2800°$ verlaufende Gerade (oder Kurve) schneidet die $\alpha$-Kurven in den gesuchten Punkten (Dissoziationsgraden), die der weiteren Rechnung zugrunde zu legen sind (Abb. 22 und 23).

Die Aufgabe, die entbundene Wärme des Heizwertes in Abhängigkeit von der Temperatur zu ermitteln, wird nun dadurch gelöst, daß die im Heizwert der Zerfallsprodukte gebundene Wärme $Q'$ vom Heizwert in Abzug gebracht oder, was zu demselben Ergebnis führt, auf die $Jt$-Kurve addiert wird (Abb. 23 a).

Im Gebiet der tiefen Temperaturen bis zu $1500°$, wo die Dissoziation noch nicht in Erscheinung tritt, ist die entbundene Wärme gleich dem Heizwert, also von der Temperatur unabhängig, oberhalb $1500°$ verkleinert sie sich um den Betrag

$$Q' = V_{CO_2} \cdot \alpha_{CO_2} \cdot H_{u_{CO}} + V_{H_2O} \cdot \alpha_{H_2O} \cdot H_{u_{H_2}} \text{ kcal}$$

und ist durch die Dissoziationsgrade auch eine Funktion der Temperatur. In unserem Zahlenbeispiel wird

$$Q = 0{,}339 \cdot 3050 \cdot \alpha_{CO_2} + 0{,}327 \cdot 2560 \cdot \alpha_{H_2O},$$

woraus sich folgende Werte ergeben:

| $t°$ C | $\alpha_{CO_2}$ % | $\alpha_{H_2O}$ % | $Q_{CO}$ kcal | $Q_{H_2}$ kcal | $Q' = Q_{CO} + Q_{H_2}$ |
|---|---|---|---|---|---|
| 1500 | 1,0 | 0,3 | 10,3 | 2,5 | 12,8 |
| 1800 | 5,5 | 1,7 | 56,9 | 14,2 | 71,1 |
| 2000 | 13,2 | 3,4 | 136,5 | 28,5 | 165,0 |
| 2200 | 25,9 | 6,6 | 267,8 | 55,3 | 323,1 |
| 2400 | 43,2 | 11,3 | 447,0 | 94,6 | 541,6 |
| 2600 | 60,8 | 17,6 | 629,0 | 147,6 | 776,6 |
| 2800 | 74,8 | 24,9 | 773,0 | 208,3 | 981,3 |

Daraus ergibt sich die in Abb. 23a eingetragene $Q'$-Kurve. Man ersieht, daß mit steigender Temperatur die Abweichungen zwischen $t$, den Temperaturen mit Berücksichtigung und $t'$, den Temperaturen ohne Berücksichtigung der Dissoziation, schnell zunehmen, wie es auch aus Abb. 24 deutlich hervorgeht. Hier sind die theoretischen Verbrennungstemperaturen mit (ausgezogene Kurve) und ohne Berücksichtigung der Dissoziation (gestrichelte Kurve) in Abhängigkeit von der Vorwärmung dargestellt, und zwar sollen, wie das in Regenerativfeuerungen der Fall zu sein pflegt, Gas und Luft bis auf die betreffende Temperatur vorgewärmt sein. Man ersieht aus der darunter gezeichneten Fehlerkurve, die den Fehler in Prozenten des richtigen Wertes angibt, daß die Vernachlässigung der Dissoziation die Verbrennungstemperatur bei $1600°$ Vorwärmung von Gas und Luft um $22{,}1\%$ zu hoch angibt. Es folgt daraus, daß im Bereich der Temperaturen über $1500°$ bei der Berechnung der Verbrennungstemperatur die Dissoziationserscheinungen unbedingt berücksichtigt werden müssen.

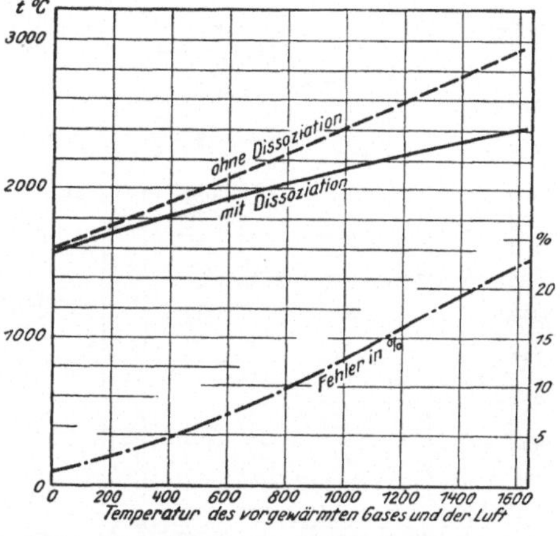


Abb. 24. Verbrennungstemperatur von Generatorgas mit und ohne Berücksichtigung der Dissoziation.

Bei der Verbrennung mit Luftüberschuß wird die Ermittlung der Dissoziationsgrade in ganz gleicher Weise vorgenommen wie bei $n = 1$. Zunächst stellt man die Gaszusammensetzung fest und sucht die zu $p_{CO_2 + O_2}$ und $p_{H_2O + O_2}$ gehörigen Dissoziationsgrade (1. Annäherung) auf und ermittelt den Einfluß der Dissoziation auf die Gaszusammensetzung. Bei $t = 2800°$ ist in erster Annäherung $\alpha_{CO_2} = 75,2\%$, $\alpha_{H_2O} = 27\%$. Die Teildrücke verlaufen von $p_{CO_2 + O_2} = 0,1852$ at undissoziiert ($0$—$1500°$) nach $p_{CO_2 + CO + O_2} = 0,2272$ at bei $2800°$ und von $p_{H_2O + O_2} = 0,1814$ undissoziiert nach $p_{H_2O + H_2 + O_2} = 0,2236$ at bei $2800°$. Daraus ergeben sich die folgenden Wärmemengen, die in den Dissoziationsprodukten gebunden werden:

| $t°$ C | $\alpha_{CO_2}\%$ | $\alpha_{H_2O}\%$ | $Q_{CO}$ kcal | $Q_{H_2}$ kcal | $Q' = Q_{CO} + Q_{H_2}$ |
|---|---|---|---|---|---|
| 1500 | 0,9 | 0,24 | 9,3 | 1,8 | 11,1 |
| 1800 | 5,2 | 1,48 | 53,8 | 11,4 | 65,2 |
| 2000 | 12,9 | 3,4 | 133,4 | 26,1 | 159,5 |
| 2200 | 26,2 | 6,6 | 270,9 | 50,7 | 321,6 |
| 2400 | 43,5 | 11,3 | 449,8 | 86,8 | 536,6 |
| 2600 | 62,0 | 18,0 | 641,1 | 138,1 | 779,2 |
| 2800 | 75,0 | 25,5 | 775,5 | 195,8 | 971,3 |

Gegenüber den Werten für $n = 1$ zeigen die Werte der Zusammenstellung geringe Abweichungen nach unten, und zwar beträgt die Abweichung beispielsweise bei $t = 2400°$, $541,6 - 536,6 = 5$ kcal oder $0,9\%$. Man kann daraus den Schluß ziehen, daß es sich bei der Genauigkeit, die von diesen Rechnungen gefordert werden darf, als vollkommen ausreichend erweist, die $Q'$-Werte, die für $n = 1$ ermittelt wurden, für alle anderen Luftüberschüsse zu benutzen, da das Gegeneinanderwirken von Sauerstoffüberschuß und Stickstoffüberschuß, wie es eingangs gekennzeichnet wurde, einen ganz unbedeutenden Einfluß auf das Endergebnis der Temperaturermittlung ergibt. Die Verbrennungstemperaturen bei Luftüberschuß und Luft- und Gasvorwärmung unter Berücksichtigung der Dissoziation sind für das im Beispiel behandelte Generatorgas in Abb. 25 dargestellt.

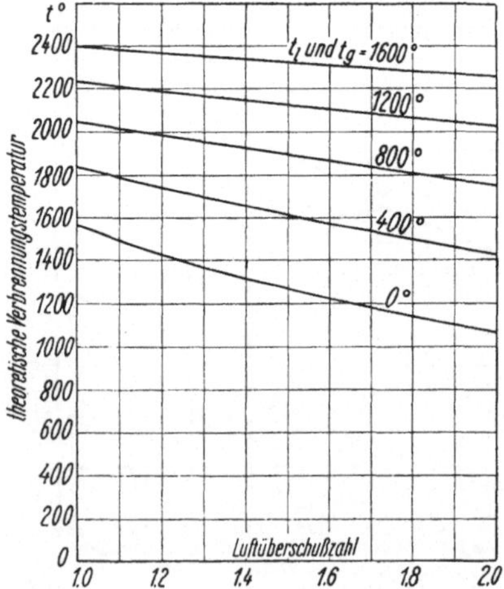


Abb. 25. Verbrennungstemperaturen von Generatorgas in Abhängigkeit vom Luftüberschuß und der Luft- und Gasvorwärmung.

Gasüberschuß (Luftmangel), bei dem kein hinzutretender Stickstoff den Einfluß des $CO_2$ + CO-Partialdrucks kompensiert, macht sich entsprechend stärker auf die Dissoziationsgrade, besonders der Kohlensäuredissoziation, bemerkbar. Jedoch wird die Verbrennungstemperatur insofern kaum davon beeinflußt, als steigender CO- und $H_2$-Gehalt im Abgas den entbundenen Heizwert und damit die Verbrennungstemperatur so weit absenkt, daß sie dem Gebiet der Dissoziation fast gänzlich entzogen wird. Aus rein praktischen Gründen, wegen der Gefahr der Nachverbrennung beim Hinzutreten von Luft durch Undichtigkeiten,

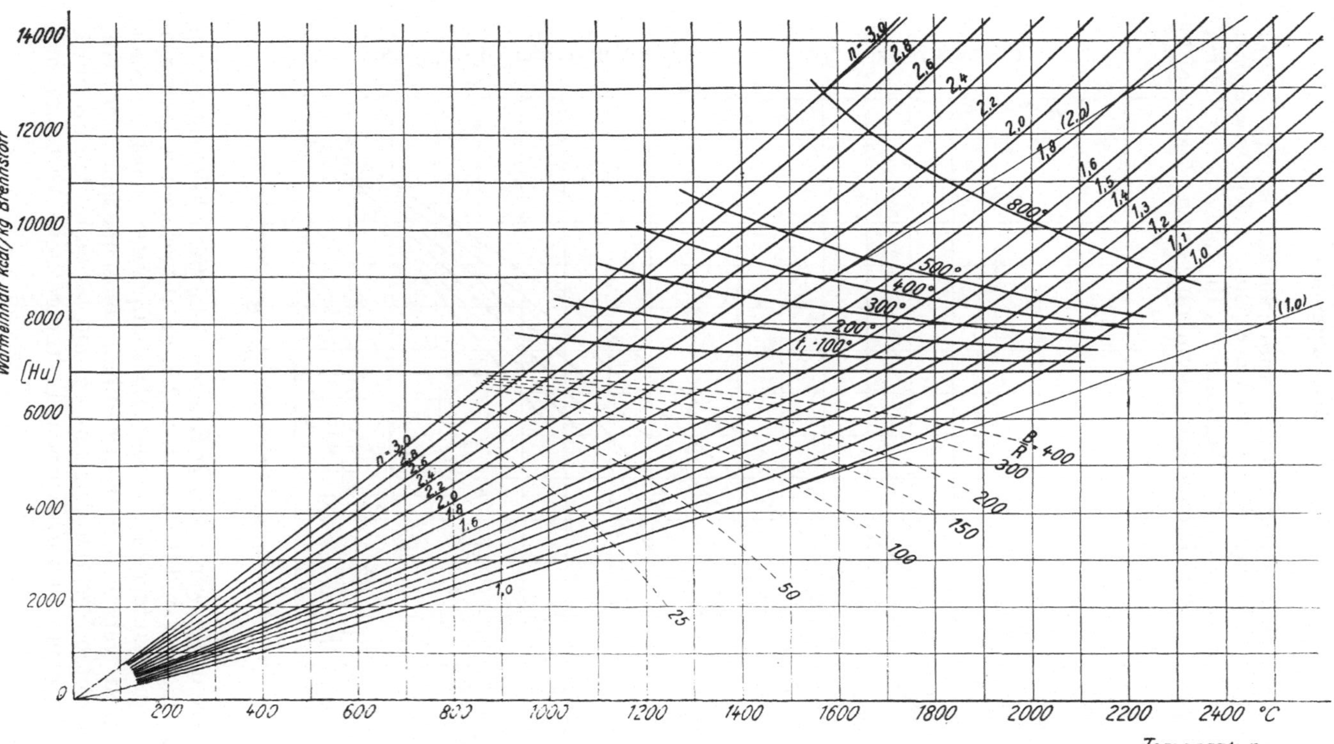



Abb. 26. *Jt*-Diagramm für Steinkohle ($H_u = 7000$ kcal/kg).

Ofentüren, Mauerwerksporen usw., wird man auch niemals Gasüberschüsse irgendwelchen pyrometrischen Effekten zuliebe anwenden.

Abb. 26 zeigt das $Jt$-Diagramm für die im früheren Zahlenbeispiel (S. 22) behandelte Steinkohle von 7000 kcal/kg

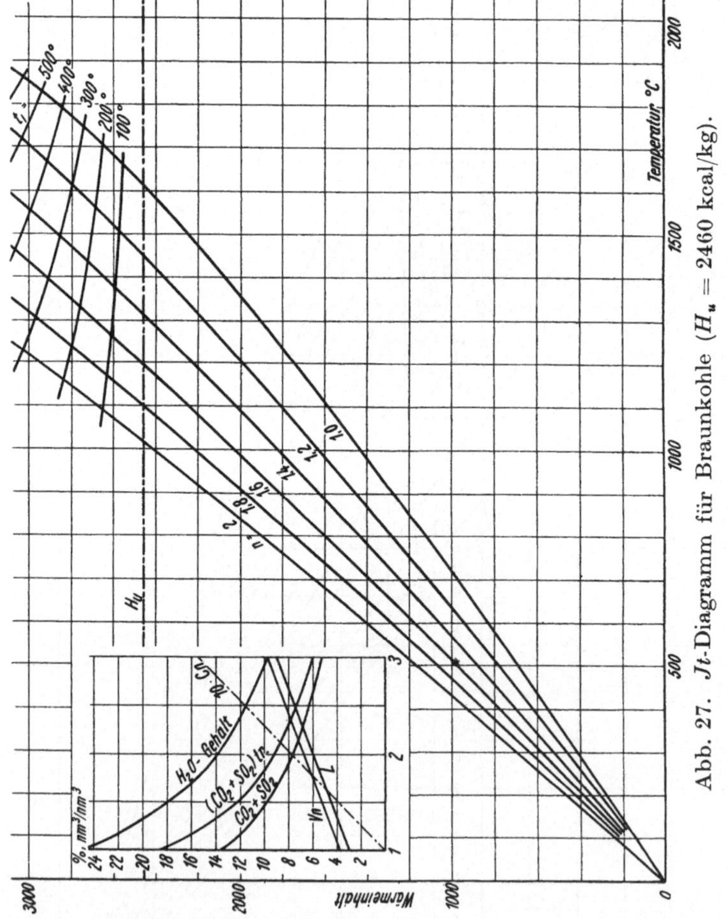

Abb. 27. $Jt$-Diagramm für Braunkohle ($H_u = 2460$ kcal/kg).

unterem Heizwert. Die $Jt$-Kurven ohne Berücksichtigung der Dissoziation sind für $n = 1, 2, 3$ dünn ausgezogen eingetragen. Die quer laufenden, mit den Lufttemperaturen bezeichneten Kurven geben den Wärmeinhalt einschließlich der vorgewärmten Verbrennungsluft an und lassen in ihren Schnittpunkten mit den $Jt$-Kurven die theoretische Verbrennungstemperatur bei Luftvorwärmung auf der Temperaturachse (Abszisse) ablesen. Ein Blick auf dieses Diagramm zeigt, daß die Einflüsse der Dissoziation sich auch in Dampfkesselfeuerungen, besonders in Kohlenstaubfeuerungen, die mit niedrigem Luftüberschuß (20—25%) und hoher Luftvorwärmung arbeiten, bemerkbar machen.

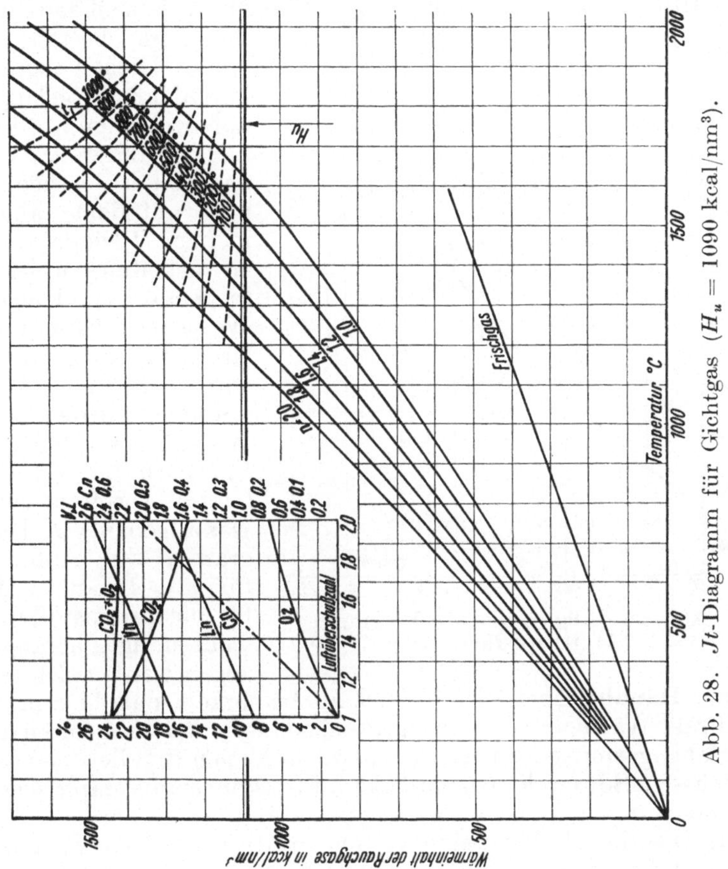


Abb. 28. $Jt$-Diagramm für Gichtgas ($H_u = 1090$ kcal/nm³).

In Abb. 27 ist ein $Jt$-Diagramm für eine mitteldeutsche Braunkohle von $H_u = 2460$ kcal/kg und in Abb. 28 ein $Jt$-Diagramm für Gichtgas von $H_u = 1090$ kcal/kg dargestellt. Für Brennstoffe, die nur kleine Abweichungen von diesen Heizwerten zeigen, lassen sich solche Diagramme ohne weiteres und ohne merkliche Fehler verwenden, nur muß beim Rechnen mit ihnen die Brennstoffmenge entsprechend auf den anderen Heizwert umgerechnet werden.

Diese Diagramme sind alle auf bestimmte Brennstoffe zugeschnitten, und es empfiehlt sich, wenn man eingehende Berechnungen, z. B. genaue Durchrechnung eines Kessels od. dgl., anzustellen hat, derartige Diagramme mindestens in dem Maßstab $100° = 2$ cm und $H_u = 12$—$20$ cm, je nachdem, wie man am besten zu einem leicht abgreifbaren Maßstab gelangt, aufzuzeichnen. Für manche andere Zwecke dagegen ist es bequemer, mit dem „allgemeinen $Jt$-Diagramm" zu arbeiten, welches in genau der gleichen Weise, jedoch für 1 nm³ Rauchgas aufgetragen wird. Solche Diagramme wurden von W. Schüle[1]) und von P. Rosin und R. Fehling[2]) veröffentlicht. Das allgemeine $Jt$-Diagramm auf Abb. 29 für $n = 1$ kann z. B. für die Brennstoffauswahl u. dgl. herangezogen werden. Zu seiner Handhabung ist nur kurz zu bemerken, daß hier nicht direkt Wärmemengen abgegriffen, sondern daß diese durch die Rauchgasmenge (in nm³/kg bzw. nm³/nm³) dividiert werden müssen. Soweit diese nicht bekannt ist, können die empirischen Gleichungen S. 28 bis 40 hierzu herangezogen werden. Soll die theoretische Verbrennungstemperatur bei Luftvorwärmung festgestellt werden, so ist entsprechend der Wert $\dfrac{H_u + J_l}{V}$ zu bilden und auf der Ordinate aufzusuchen.

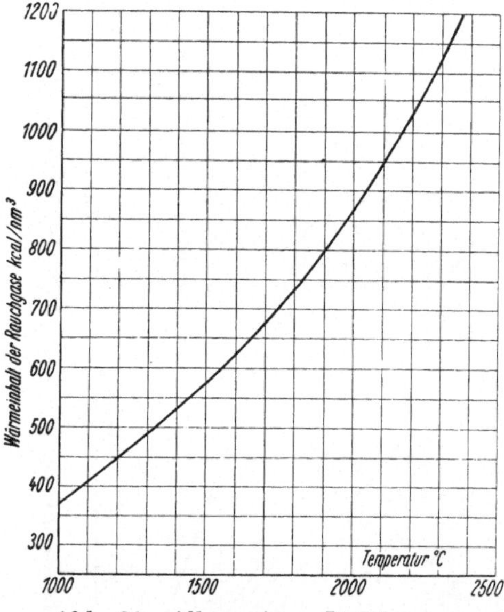


Abb. 29. Allgemeines $Jt$-Diagramm ($Jt$-Kurve für $n = 1$).


[1]) VDI. 60 (1916), S. 630 und Schüle, „Neue Tabellen und Diagramme für technische Feuerungen und ihre Bestandteile von 0—4000°", Berlin 1929.

[2]) VDI. 71 (1927), 12, S. 383, ferner Rosin u. Fehling, „Das $Jt$-Diagramm der Verbrennung", Berlin 1929.

## Wärmetechnisches Rechnen mit dem $Jt$-Diagramm.

Entwurf, Berechnung, Nachrechnung und Untersuchung von Dampfkesseln und ihrer wärmetechnischen Hilfseinrichtungen führen zu vier Grundaufgaben, die mit Hilfe des $Jt$-Diagramms einfach gelöst werden können.

Wärmeabgabe, Temperaturverlauf oder Heizfläche sind zu bestimmen:

1. bei gegebener Anfangstemperatur und gegebener, zu übertragender Wärmemenge,
2. bei gegebener Anfangstemperatur und gegebener Heizfläche,
3. bei gegebener (z. B. vorgeschriebener oder gewünschter) Endtemperatur und gegebener Heizfläche oder Wärmemenge,
4. bei gegebenem Temperaturverlauf.

Da die Wärmemengen stets in kcal/h gegeben sind, müssen sie vor der Übertragung in das $Jt$-Diagramm durch die Brennstoffmengen in kg/h, und zwar zweckmäßig die theoretischen Brennstoffmengen (vgl. S. 55) dividiert werden, um die Dimension kcal/kg zu erhalten. Einer etwaigen Zunahme des Luftüberschusses auf dem Wege durch die Kesselzüge durch Eindringen von Falschluft muß durch Übergang auf ein höheres $n$ berücksichtigt werden, und zwar entweder durch allmählichen Übergang auf die entsprechende $Jt$-Kurve oder, wenn die Quelle der Undichtigkeit örtlich begrenzt und bekannt ist, auch sprunghaft durch eine Linie, die zu dem durch den Mischwärmeinhalt und die Mischtemperatur bestimmten Punkt hinführt.

In den nachfolgenden Berechnungen ist mit der Brennstoffmenge stets die theoretische Brennstoffmenge gemeint, die aus der Kenntnis der Abgastemperatur und des Luftüberschusses bestimmt werden kann. Ist dagegen die Aufgabe so gestellt, daß ein Kessel von gegebener Heizfläche nachgerechnet werden soll, so muß die Abgastemperatur zunächst geschätzt und sodann der Kessel durchgerechnet werden, wonach u. U. eine Wiederholung der Rechnung notwendig wird. Die Lösung der vier Grundaufgaben ist nun außerordentlich einfach.

Zu 1. Anfangstemperatur und Wärmemenge ist gegeben. Die Endtemperatur wird gesucht. Von dem gegebenen Anfangspunkt $A$ (s. Abb. 30) auf der entsprechenden Luftüberschußlinie geht man um die Strecke $q = \dfrac{Q}{B_{\mathrm{th}}}$ herunter und findet den gesuchten Endpunkt $E$. Die dabei benötigte Heizfläche ist ebenfalls leicht zu bestimmen, da nunmehr Anfangs- und Endtemperatur, also auch die mittlere Temperaturdifferenz bekannt ist. Aus der mittleren Temperatur und $B_g$ lassen sich die Gasgeschwindigkeiten abschätzen, die Wärmedurchgangszahl $k$ bestimmen und die Heizfläche $F$ zur Übertragung von $Q$ kcal/h leicht berechnen. Der Fall liegt vor bei Berechnung von Überhitzern, Ekonomisern, Luftvorwärmern usw. bei gegebener Gaseintrittstemperatur und Leistung.

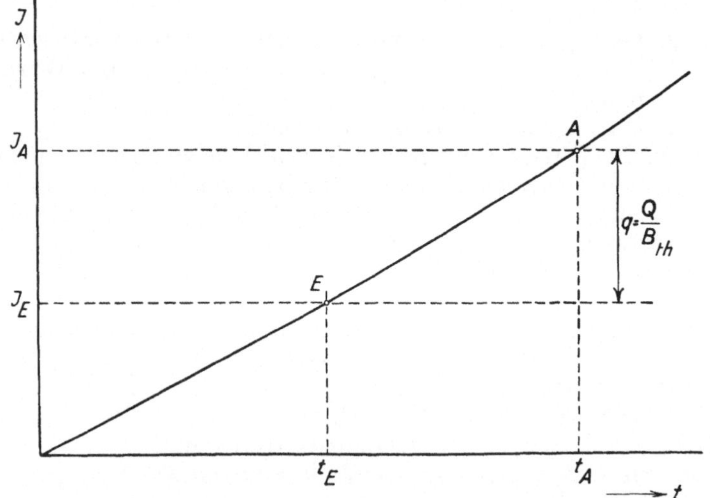


Abb. 30. Darstellung der Wärmeabgabe im $Jt$-Diagramm.

Zu 2. Bei gegebener Anfangstemperatur und gegebener Heizfläche, also noch unbekannter zu übertragender Wärmemenge, ist diese Wärmemenge und die Endtemperatur zu bestimmen. Die Lösung findet man, wenn man drei verschiedene Endtemperaturen beliebig annimmt und aus den damit festgelegten mittleren Temperaturen die Geschwindigkeiten ermittelt und die dazugehörigen $k$-Werte festlegt. Aus der gegebenen Heizfläche, dem so ermittelten $k$-Wert und durch die Annahme der drei Endtemperaturen $t_1, t_2$ und $t_3$ findet man dann drei Werte $q_1, q_2, q_3$, die von der durch den Anfangspunkt $A$ gelegten Parallelen zur Abszissenachse auf den entsprechenden Temperaturordinaten abgetragen werden (Abb. 31). Verbindet man die drei auf diese

Weise erhaltenen Endpunkte $E_1$, $E_2$, $E_3$ durch eine Kurve, so schneidet diese die $Jt$-Linie in dem gesuchten Endpunkt $E$, womit die übertragene Wärmemenge und die erreichte Endtemperatur festliegen. Es sei darauf hingewiesen, daß bei der Auswahl der Endpunkte unbeschadet für das Ergebnis auch unwirkliche, fiktive Werte, wie $t_E \gtreqless t_A$, gewählt werden können (s. Punkt $E_3$ in Abb. 31).

Ein Sonderfall dieser Aufgabe ist die Errechnung der Abstrahlung einer Feuerung, bei welcher die gegebene Anfangstemperatur gleich der theoretischen Verbrennungstemperatur ist, die ja das $Jt$-Diagramm im Schnittpunkt der

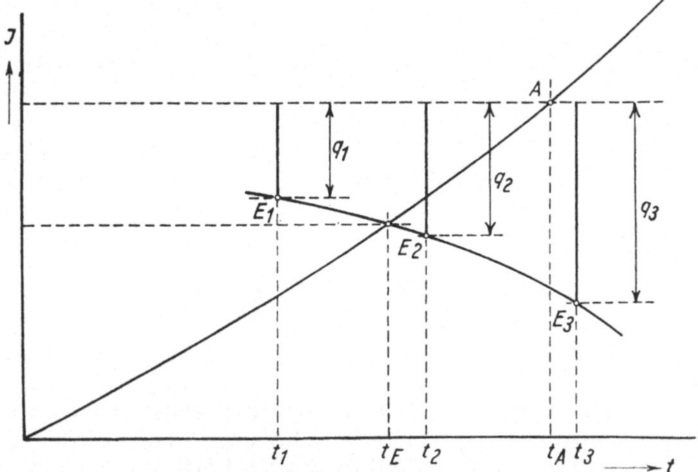

Abb. 31. Ermittlung der Wärmeabgabe bei gegebener Heizfläche.

$H_u$-Linie, bei Luftvorwärmung der $(H_u + J_l)$-Linie mit der $Jt$-Linie unmittelbar angibt ($H_u$ = unterer Heizwert, $J_l$ = Wärmeinhalt der Verbrennungsluft für 1 kg Brennstoff). An Stelle der gegebenen Heizfläche sind die strahlenden oder bestrahlten gasförmigen oder festen Körper gegeben. Wieder nimmt man für den strahlenden Körper mindestens drei beliebige Temperaturen an, während der bestrahlte Körper (die Kesselheizfläche) etwa 10—15° über der Sattdampftemperatur angenommen werden kann. Diese errechneten $q$-Werte werden, wie in Abb. 32 für den Fall einer allseitig gekühlten Kohlenstaubfeuerung dargestellt, auf den entsprechenden Temperaturordinaten abgetragen und ihre Endpunkte miteinander verbunden, eine Kurve, die bei der

Temperatur der Rohroberfläche in die $H_u$- bzw. $H_u + J_l$-Linie einmünden muß. Die Kenntnis der Gesetze der Wärmestrahlung wie auch der Wärmeübertragung überhaupt ist dabei Voraussetzung. S. auch S. 77 u. ff.

Zu 3. Bei gegebener Endtemperatur und gegebener Wärmemenge wird in gleicher Weise wie unter 1. der Betrag $q = \dfrac{Q}{B_{th}}$ nach oben abgetragen, so daß damit Anfangstemperatur, mittlere Temperatur, mittlere Temperaturdifferenz und $k$-Wert ermittelt und die notwendige Heizfläche errechnet werden kann. Eine solche Aufgabe liegt z. B. vor, wenn eine bestimmte Abgastemperatur als wirtschaftliches Optimum festgelegt ist, und die Wärmeleistung durch den Wunsch einer Luft- oder Wasservorwärmung von $x°$ gegeben ist. Es ist damit die Eintrittstemperatur in den

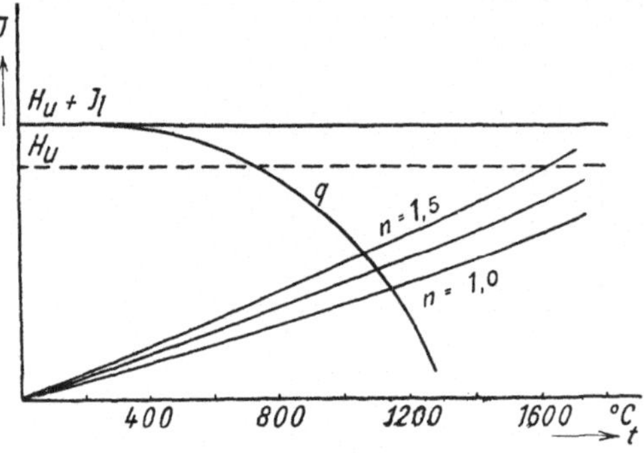


Abb. 32. Abstrahlung einer Kohlenstaubflamme im $Jt$-Diagramm.

Vorwärmer festgelegt, die durch entsprechende Heizfläche des Kessels und entsprechende Belastung erzielt werden muß.

Ein anderer häufiger Fall ist die Nachprüfung der Leistung eines gegebenen Kessels. Die Heizfläche ist bekannt, die Wärmeleistung und Abgastemperatur dagegen angegeben, aber zu prüfen. In diesem Falle ist man genötigt, eine Endtemperatur anzunehmen, danach Wirkungsgrad und Brennstoffmengen festzulegen und die Rechnung durchzuführen. Führt sie nicht zu dem gewünschten Ziel, so muß sie mit verbesserten Annahmen wiederholt werden. Dasselbe gilt auch für die Errechnung des Temperaturverlaufs bei schwächerer Belastung oder bei starker Überlast.

Zu 4. Ist der ganze Temperaturverlauf bekannt, z. B. durch Messung an ausgeführten Anlagen, so sind damit die Wärmemengen sofort ablesbar, so daß eine Nachprüfung der $k$-Werte oder ähnliches möglich ist.

Zweckmäßig werden derartige Berechnungen möglichst unterteilt, schon deshalb, weil die zu wählenden $k$-Werte

durch die mehr oder weniger große Mitwirkung der Gasstrahlung, durch die Geschwindigkeitsunterschiede usw. sehr
verschiedene Werte annehmen können. Beim Kessel ist eine
Unterteilung in Strahlungsteil, 1. Bündel, Überhitzer, 2. und
evtl. 3. Bündel (oder 1. und 2. Zug im 2. Bündel), Ekonomiser
und Luftvorwärmer als mindeste Zergliederung notwendig.
Die Rechnung kommt natürlich einer wirklichen Integrierung
um so näher, je stärker die Heizfläche unterteilt wird, was
bei der Bestimmung der mittleren Gasgeschwindigkeit häufig
sehr viel ausmacht.

Dieser im Prinzip so sehr einfache Rechnungsgang für
die Anwendung der Gesetze der Wärmeübertragung auf die
Verhältnisse des Dampfkessels gewinnt durch die graphische
Behandlung im $Jt$-Diagramm eine solche Klarheit und Über-
sichtlichkeit, daß man wohl das $Jt$-Diagramm als sehr brauch-
bares Rechenhilfsmittel für die wärmetechnischen Berechnungen im Dampfkesselbau ansehen kann, das Irrtümer aus-
schließt und wertvolle Zeitersparnisse ermöglicht. Auch
für eine aktenmäßige, bildhafte Festlegung wärmetechnischer
Rechnungen ist es empfehlenswert, wenn es entsprechende
zusätzliche Bemerkungen über die errechneten Heizflächen,
die Dampf- und Wärmeleistungen und den Feuerungswirkungsgrad enthält.

## V. Die Wärmeübertragung.

### A. Grundgesetze des Wärmeübergangs.

#### Strahlung des absolut schwarzen Körpers.

Die durch Strahlung übertragene Wärmemenge ist nach
der theoretischen Ableitung von Boltzmann eine Funktion
der 4. Potenz der absoluten Temperatur, ein Gesetz, das von
Stefan experimentell bestätigt wurde und als Stefan-
Boltzmannsches Strahlungsgesetz in der Technik Eingang
gefunden hat:

$$Q = \sigma \cdot T^4. \tag{183}$$

Streng bewiesen ist dieses Gesetz aber nur für den absolut
schwarzen Körper, der in der Technik kaum vorkommt, denn
selbst die Strahlung einer stark berußten Fläche beträgt
erst 90—95% der Strahlung des absolut schwarzen Körpers,
wobei übrigens nicht unbeträchtliche Unterschiede bei verschiedenen Arten der Rußherstellung und Berußung auftreten, was für experimentelle Untersuchungen wichtig ist.

Als absolut schwarze Strahlung kann die Hohlraumstrahlung angesehen werden. Die Konstante $\sigma$ ist Gegenstand zahlreicher Untersuchungen gewesen[1]). Nach Landolt-Börnstein, „Physikalisch-chemische Tabellen" I. Ergänzungsband kann die Zahl $\sigma = 5{,}76 \cdot 10^{-12}$ Watt cm$^{-1}$ Grad$^{-4}$ als bester Mittelwert aller bekanntgewordenen Messungen gelten.

Für technische Zwecke ist die Form

$$Q = C_0 \left(\frac{T}{100}\right)^4 \tag{184}$$

zu empfehlen, wobei

$$C_0 = 4{,}95 \ \mathrm{kcal/m^2\,h\,{}^\circ}\,K^{-4}$$

ist.

Zahlentafel 6.

Tabelle der Werte $\left(\dfrac{T}{100}\right)^4$.

| $t\,^\circ$ C | $\left(\dfrac{T}{100}\right)^4$ | $t\,^\circ$ C | $\left(\dfrac{T}{100}\right)^4$ | $t\,^\circ$ C | $\left(\dfrac{T}{100}\right)^4$ |
|---|---|---|---|---|---|
| 0 | 55,5 | 800 | 13 255,6 | 1600 | 123 071,4 |
| 50 | 108,0 | 850 | 15 904,4 | 1650 | 136 746,9 |
| 100 | 193,5 | 900 | 18 932,2 | 1700 | 151 537,9 |
| 150 | 320,1 | 950 | 22 372,6 | 1750 | 167 496,0 |
| 200 | 498,4 | 1000 | 26 261,8 | 1800 | 184 670,8 |
| 250 | 748,0 | 1050 | 30 636,4 | 1850 | 203 142,9 |
| 300 | 1 077,8 | 1100 | 35 536,7 | 1900 | 222 968,4 |
| 350 | 1 506,2 | 1150 | 41 001,8 | 1950 | 244 205,9 |
| 400 | 2 051,2 | 1200 | 47 076,0 | 2000 | 266 931,3 |
| 450 | 2 720,2 | 1250 | 53 802,5 | 2100 | 317 100,0 |
| 500 | 3 571,1 | 1300 | 61 224,3 | 2200 | 374 008,3 |
| 550 | 4 587,8 | 1350 | 69 387,1 | 2400 | 510 500,0 |
| 600 | 5 808,1 | 1400 | 78 343,3 | 2600 | 681 333,3 |
| 650 | 7 257,7 | 1450 | 88 138,0 | 2800 | 891 740,0 |
| 700 | 8 962,8 | 1500 | 98 820,0 | 3000 | 1 147 631,6 |
| 750 | 10 952,8 | 1550 | 110 448,6 | | |

## Strahlung grauer Körper.

Die Strahlung der festen, nicht absolut schwarzen Körper, der sog. „grauen Körper", läßt sich durch ein dem Stefan-Boltzmannschen Gesetz ähnliches Gesetz darstellen. Man behält zu diesem Zweck die 4. Potenz der absoluten Temperaturen bei, findet dann jedoch durch empirische Messungen eine Strahlungszahl $C_1$, die von der Natur und Oberflächenbeschaffenheit des strahlenden Körpers und außerdem noch

---

[1]) A. Kussmann, „Bestimmung der Konstanten des Stefan-Boltzmannschen Gesetzes". Zeitschr. Phys. 25 (1924), S. 58—82; dort eingehende Literaturangaben.

von seiner Temperatur abhängig ist. Diese Strahlungszahl ist stets kleiner als $C_0$ beim absolut schwarzen Körper und wird mitunter auch in Prozent von $C_0$ angegeben. Einige für technische Feuerungen wichtige Strahlungszahlen seien hier genannt:

Zahlentafel 7.<br>Strahlungszahlen.

| Material | Oberflächenbeschaffenheit | Temperatur °C | Strahlungszahl |
|---|---|---|---|
| Silikastein | rauh | 1000 | 4,0[1]) |
| ,, | rauh, schlackig | 1100 | 4,25[1]) |
| Schamottestein | glasiert | 1000 | 3,7[1]) |
| Stahlblech | starke rauhe Oxydschicht | 24 | 3,98[2]) |
| ,, | dichte, glänzende Oxydschicht | 24 | 4,06[2]) |
| ,, | unbearbeitet, glatt | 900 | 2,97[1]) |
| ,, | ,, ,, | 1035 | 2,80[1]) |
| Flußeisen | unbearbeitet, rauh | 925 | 4,31[1]) |
| ,, | ,, ,, | 1045 | 4,58[1]) |
| ,, | ,, ,, | 1118 | 4,85[1]) |
| Kohle | glühend | — | 3,9—4,2 |
| Lampenruß | glatt | 0—50 | 4,4 |

Man erkennt aus den Untersuchungen V. Polaks[1]) deutlich den Einfluß der Temperatur, den auch H. Senftleben und E. Benedict[3]) festgestellt haben (siehe Abb. 33). Das 4. Potenzgesetz ist damit durchbrochen und wird nur aus praktischen Gründen beibehalten.

Die in Frage kommenden Strahlungszahlen liegen zwischen 3,5 und 4,5. Schwierigkeiten in der Wahl genauer Größen auf Grund der experimentellen Unterlagen liegen einerseits darin, daß die Oberflächen, die betrachtet werden

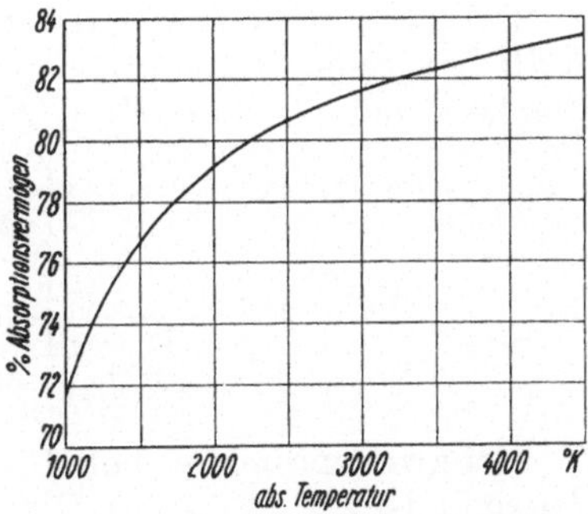


Abb. 33. Wirksames Absorptionsvermögen von Kohle in Abhängigkeit von der absoluten Temperatur nach Senftleben und Benedict.

<hr>

[1]) V. Polak, „Versuche über die Bestimmung der Strahlungszahlen fester Körper". Ztschr. techn. Phys. 8 (1927), 8, S. 307—312.

[2]) Prof. E. Schmidt, „Wärmestrahlung technischer Oberflächen bei gewöhnlicher Temperatur". Beihefte z. Ges. Ing. 1927, Reihe 1, Nr. 20.

[3]) H. Senftleben u. E. Benedict, „Über die optischen Konstanten und Strahlungsgesetze der Kohle". Ann. Phys. 54 (1917), S. 65—78.

oder mit denen die Experimentatoren gearbeitet haben, schwer definierbar sind, vor allem fehlt uns noch ein eindeutiges, auch auf das Gebiet der Wärmeübertragung anwendbares Maß für die Rauhigkeit und Oberflächenbeschaffenheit eines Körpers; andererseits ist besonders bei den älteren Arbeiten ein berußter Körper als Bezugsgröße gewählt worden, ohne daß die Art des Rußes genügend definiert worden wäre.

Auf metallisch glänzende Körper treffen diese Strahlungsgesetze nicht zu[1]). Auffällig sind ja schon die sehr niedrigen, ausfallenden Strahlungszahlen für glatte Stahlbleche in Zahlentafel 7.

### Strahlungsaustausch fester Körper.

Steht der heißere Körper 1 von der Temperatur $T_1$, der Strahlungszahl $C_1$ und der Fläche $F_1$ mit dem kälteren Körper 2 von der Temperatur $T_2$, der Strahlungszahl $C_2$ und der Fläche $F_2$ im Wärmeaustausch und ist $C_0$ wieder die Strahlungszahl des absolut schwarzen Körpers, so lassen sich aus Gleichung (184) und dem Kirchhoffschen Gesetz $\left(\text{Emission zu Absorption } \dfrac{E_1}{A_1} = E_0\right)$ leicht folgende Beziehungen ableiten:

Bei zwei unendlich großen, parallelen Flächen oder bei endlichen, jedoch unendlich (oder sehr) nahen und parallelen Flächen, bei welchen $F_1 = F_2 = F$ ist, gilt

$$Q = F \cdot C \cdot \left[\left(\frac{T_1}{100}\right)^4 - \left(\frac{T_2}{100}\right)^4\right], \qquad (185)$$

$$C = \frac{1}{\dfrac{1}{C_1} + \dfrac{1}{C_2} - \dfrac{1}{C_0}}. \qquad (186)$$

Bei zwei endlichen, beliebig zueinander stehenden Flächen dagegen ist

$$Q = F_1 \cdot C \cdot \varphi_{12} \left[\left(\frac{T_1}{100}\right)^4 - \left(\frac{T_2}{100}\right)^4\right], \qquad (187)$$

$$C = \frac{C_1 \cdot C_2}{C_0}. \qquad (188)$$

Darin bedeutet:

$T_1$ die absolute Temperatur des eben und an allen Stellen gleich temperierten, diffus strahlend gedachten, strahlenden

---

[1]) Vgl. darüber E. Schmidt, „Die Wärmestrahlung technischer Oberflächen bei gewöhnlicher Temperatur".

Körpers von der Fläche $F_1$ m² (z. B. Oberfläche eines Brennstoffbettes),

$T_2$ entsprechend die absolute Temperatur des bestrahlten Körpers (z. B. die Außenoberfläche der direkt bestrahlten Wasserrohre eines Kessels),

$C$ die Strahlungszahl und

$\varphi_{12}$ das Winkelverhältnis oder den geometrischen Intensitätsfaktor, der angibt, welcher Betrag der von der Rostfläche (1) ausgesandten Strahlen die Heizfläche (2) trifft. Hätten alle den Feuerraum umschließenden Wandungen dieselbe Temperatur, so gäbe $\varphi_{12}$ unmittelbar das Verhältnis der an die Fläche (2) übertragenen Wärmemenge zu der gesamt abgestrahlten Wärmemenge an.

## Das Winkelverhältnis.

Wird die strahlende Fläche ganz von der bestrahlten eingeschlossen und von ihr begrenzt, so ist das Winkelverhältnis $\varphi = 1$. Dieser Fall kommt indessen nicht sehr häufig vor, nur in Flammenrohr-, Lokomobil-, Lokomotiv- und stehenden Röhrenkesseln trifft er angenähert zu, wenn man dort von etwaigen Einbauten, wie Feuerschirmen usw., absieht. Meistens stehen jedoch mehrere verschiedenartige Flächen im Wärmeaustausch, an dem außer strahlender und bestrahlter Fläche noch unmittelbare Heizflächen (z. B. die Feuerraumwände) teilnehmen. Die Entwicklung und Berechnung des Winkelverhältnisses auf der Grundlage des Lambertschen Kosinusgesetzes hat Gerbel[1]) grundlegend und ausführlich behandelt. Danach ist

$$\varphi = \frac{1}{\pi} \int_0^f \frac{n \cdot n_1}{S^4} \cdot df, \qquad (189)$$

wenn ein flächenhaft strahlender Punkt $P$ die Fläche $df$ (bzw. $f$) bestrahlt, wenn ferner die Lage der Flächen durch die beiden Lote $n$ und $n_1$ und durch den Abstand $S$ zwischen $P$ und $df$ gekennzeichnet ist. Um ein Bild über die Größe der $\varphi$-Werte zu geben, ist das Ergebnis der Gerbelschen Berechnungen für einen vom Grundkreis bestrahlten Zylinder in Abb. 34 wiedergegeben. Es zeigt — wenn auch unter den stark einschränkenden Voraussetzungen dieser Rechnung — die Verteilung der Strahlungsintensität einer strahlenden

---

[1]) M. Gerbel, „Die Grundgesetze der Wärmestrahlung und ihre Anwendung auf Dampfkessel mit Innenfeuerung". Berlin 1917.

Kreisfläche auf einen Zylinder ($n$ = Höhe des Zylinders, $R$ = Radius des Grundkreises). Die Verteilung der Gesamtstrahlung auf Mantel und Decke zeigt Abb. 35.

Auf andere Lösungen, teils exakte, teils Näherungsverfahren zur Bestimmung des Winkelverhältnisses, wie die von Koeßler[1]), Hau-

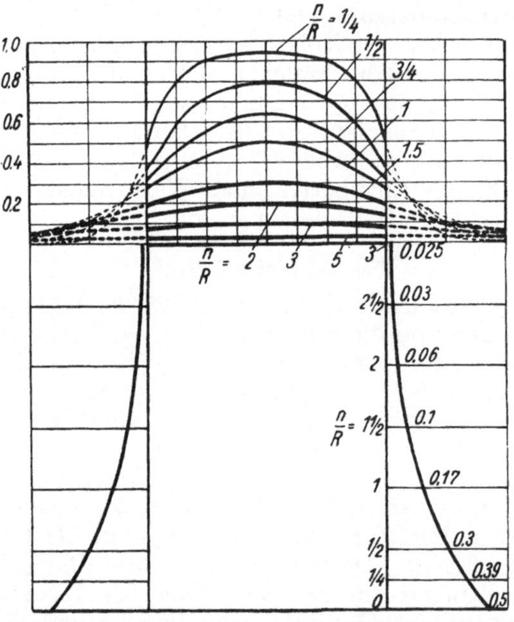



Abb. 34. Verteilung der geometrischen Strahlungsintensität auf Decke und Seitenwände eines zylindrischen Feuerraumes nach Gerbel (Strahlung nur durch den Boden (Rost) des Zylinders).

sen[2]), Seibert[3]), Roszak und Véron[4]), Weber[5]), Nusselt[6]) u. a. sei nur kurz hingewiesen.


[1]) Koeßler, „Ein Beitrag zur Untersuchung des Wasserrohrkessels in Bezug auf Wärmestrahlung". Ztschr. Bayer. Rev.-V. XXIX (1925), 10 u. 11, S. 115ff.

[2]) Ztschr. techn. Phys. 1924, S. 169.

[3]) O. Seibert, „Die Wärmeaufnahme der bestrahlten Kesselheizfläche". Arch. f. Wärmew. 9 (1928), 6, S. 180—188.

[4]) Ch. Roszak u. M. Véron, „Le rayonnement calorifique envisagé du point de vue des applications industrielles". Rev. Mét. 21 (1924), 8, S. 435ff.

[5]) Siehe Kammerer, „Versuche an einem Stierle-Kessel". Ztschr. Bayer. Rev.-V. 20 (1916), S. 195 und Münzinger, „Die Leistungssteigerung von Großdampfkesseln". Berlin 1922.

[6]) W. Nusselt, „Graphische Bestimmung des Winkelverhältnisses bei der Wärmestrahlung". VDI. 72 (1928), 20, S. 673.

Nehmen 3 Körper (Rost, Wand, Heizfläche) am Wärmeaustausch teil, so ergibt sich neben der direkten Einstrahlung des Rostes noch eine indirekte durch die Wände. Unter vereinfachenden Voraussetzungen findet man nach Kammerer[1]) für die Gesamtstrahlung (direkte und indirekte)

$$\varphi = \frac{\mu - \varphi_{12}^2}{1 + \mu - 2\varphi_{12}}\,, \qquad (190)$$

wenn $\mu = \dfrac{F_2}{F_1}$ gesetzt wird. Da zu einem großen $\mu$-Wert auch ein großes direktes Winkelverhältnis gehören muß, kann man die stark ausgezogene Kurve in Abb. 36 zu Abschätzungen des $\varphi$-Wertes benutzen.

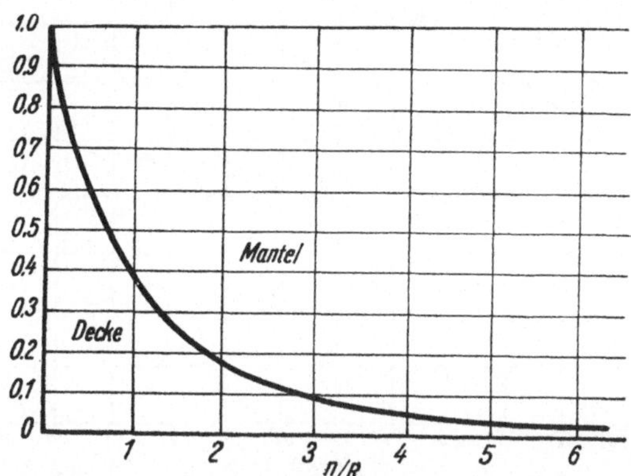


Abb. 35. Verteilung der Gesamtstrahlung auf Decke und Seitenwände eines Zylinders nach Gerbel (s. auch Abb. 34).

Die abgestrahlte Wärmemenge je kg Brennstoff beträgt also bei einer strahlenden Rostfläche von $R\,\mathrm{m}^2$

$$q = \frac{Q}{B} = \frac{R}{B} \cdot \varphi \cdot C \cdot \left[\left(\frac{T_1}{100}\right)^4 - \left(\frac{T_2}{100}\right)^4\right], \qquad (191)$$

sie ist also der Rostbelastung $B/R$ umgekehrt proportional und liefert im $Jt$-Diagramm, von $H_u$ bzw. $H_u + J_l$ (bei Luftvorwärmung) abgezogen, die errechnete wirkliche Verbrennungstemperatur. Vgl. das Verfahren auf S. 75 und Abb. 26 (gestrichelte Kurven).

Es muß ausdrücklich betont werden, daß diese Berech-

---

[1]) Siehe Kammerer, „Versuche an einem Stierle-Kessel". Ztschr. Bayer. Rev.-V. 20 (1916), S. 195 und Münzinger, „Die Leistungssteigerung von Großdampfkesseln". Berlin 1922.

nungen (wie auch die Mehrzahl der in der Literatur zu findenden Berechnungsmethoden) unter der einschränkenden Voraussetzung gelten, daß der Feuerraum strahlendurchlässig (diatherman) sei, was durch seine Erfüllung mit leuchtenden Flammen und Gasen durchaus nicht zutrifft. Die angenäherte Gültigkeit dieser Methoden beschränkt sich daher auf niedrige Feuerräume und möglichst magere Brenn-

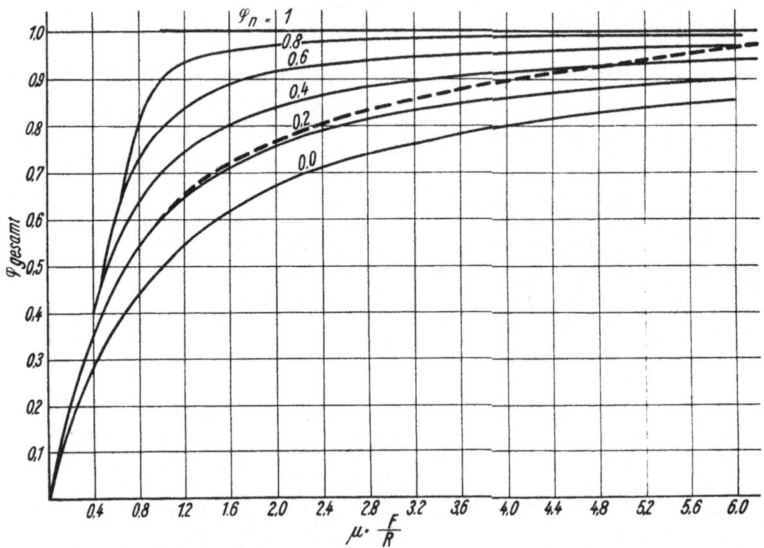


Abb. 36. Das Winkelverhältnis für die Gesamtstrahlung (direkte und indirekte Strahlung) nach Kammerer.

stoffe, bei denen die Voraussetzung einer Wärmeentbindung auf dem Rost und ein überragender Einfluß der Roststrahlung einigermaßen zutreffen. Aber selbst dort wird ein stärkerer Ausgleich der Wärmeverteilung eintreten, als ihn die Rechnung angibt[1]).

### Gasstrahlung.

Im Gegensatz zu festen Körpern sind Gase Selektivstrahler, d. h. sie emittieren und absorbieren nur Strahlen in bestimmten Wellenbereichen, wodurch die Gesetze, denen sie gehorchen, besonders verwickelt werden. Von den technischen Gasen kommen hauptsächlich Wasserdampf und

---

[1]) Vgl. die Ausführungen S. 88 und 108.

Kohlensäure als Strahler in Betracht (CO und Kohlenwasserstoffe spielen ja nur eine untergeordnete Rolle), während Stickstoff und Sauerstoff, also auch Luft, von dem geringen, nur für physikalisch genaue Messungen zu beachtenden $CO_2$- und Wasserdampfgehalt der Luft abgesehen, strahlendurchlässig ist. A. Schack[1]) hat die Strahlung von $CO_2$ und $H_2O$ untersucht und formelmäßig dargestellt, in Funktion der Temperatur und des Produktes $p \cdot s$ (Teildruck $CO_2$ bzw. $H_2O$ also Volum-% $\times$ Schichtstärke in m).

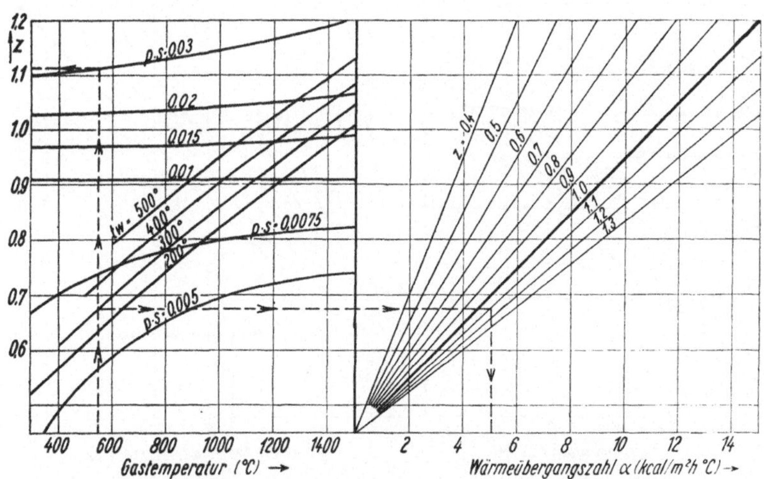


Abb. 37. Wärmeübergangszahlen für $CO_2$-Strahlung.

Da die Handhabung dieser Formeln umständlich ist, kann man den Wärmeübergang durch Gasstrahlung auch durch eine Formel, ähnlich dem Stefan-Boltzmannschen Gesetz, ausdrücken, indem man die Strahlungszahl $\psi C_0$ einführt. Der Beiwert $\psi$ ist dann eine umständliche Funktion von $t$ und $p \cdot s$, die man für den praktischen Gebrauch in Tabellenform bringen kann[2]). Für manche Ableitungen ist diese Form der Darstellung zu empfehlen.

Eine andere praktische Möglichkeit ist die Ermittlung einer Wärmeübergangszahl durch Gasstrahlung

$$\alpha_s = \frac{Q_s}{t_g - t_w}.$$

Für die meisten praktischen Rechnungen ist diese Dar-

---


[1]) A. Schack, „Der industrielle Wärmeübergang"; dort weitere Literaturquellen über die Originalarbeiten.
[2]) ten Bosch, „Die Wärmeübertragung", II. Aufl., S. 13–20.

stellungsform sehr geeignet, da sie eine unmittelbare Addition der Wärmeübergangszahl durch Strahlung und durch Konvektion gestattet. Abb. 37 und 38 nach F. Michel[1]) gestatten die Ablesung dieser Werte. Ausgehend von der Gastemperatur findet man auf der $p \cdot s$-Kurve die Hilfsgröße $Z$; geht man vom Schnittpunkt der Gastemperatur mit der Wandtemperatur $t_w$ nach rechts bis zur entsprechenden $Z$-Kurve, so erhält man den gesuchten Wert $\alpha_{CO_2}$ bzw. $\alpha_{H_2O}$.

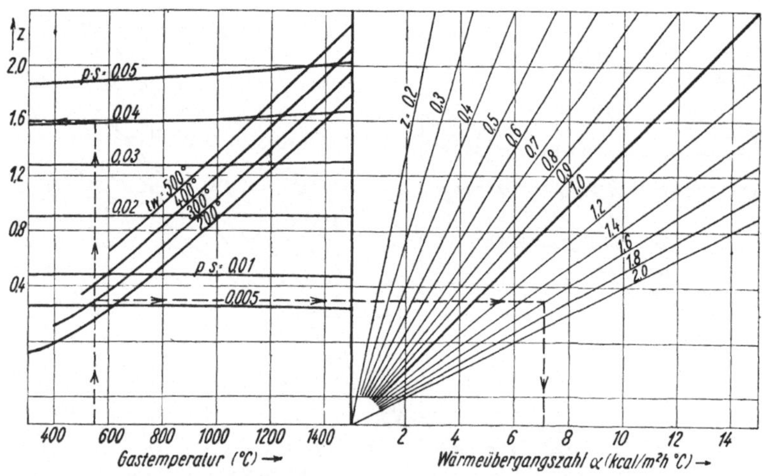


Abb. 38. Wärmeübergangszahlen für $H_2O$-Strahlung.

### Strahlung leuchtender Flammen.

Das Leuchten der Flammen wird durch die feinverteilten Rußsuspensionen von der Größenordnung 0,000175 bis 0,0003 mm Durchmesser hervorgerufen, die sich weder wie feste Körper noch wie Gase verhalten. Nach den theoretischen und praktischen Untersuchungen von H. Senftleben und E. Benedict gehorcht die Flamme den Gesetzen trüber Medien[2]). A. Schack[3]) hat die Strahlung leuchtender


[1]) F. Michel, „Gasstrahlung und Dampfkesselberechnung". Feuerungstechnik XVIII (1930), 9/10, S. 82—84.
[2]) Ann. Phys. 60 (1919), 20, S. 297; Ztschr. techn. Phys. 7 (1926), 10, S. 489, ferner auch G. Mie, „Beiträge zur Optik trüber Medien". Ann. Phys. 25 (1908), S. 377.
[3]) Ztschr. techn. Phys. 6 (1925), 10, S. 530—540.

Flammen ebenfalls theoretisch untersucht und gelangt zu der Endformel

$$Q = F \cdot C_2 \cdot \varphi \cdot p \cdot \left[\left(\frac{T_1}{100}\right)^4 - \left(\frac{T_2}{100}\right)^4\right]. \tag{192}$$

Darin ist $C_2$ die Strahlungszahl des bestrahlten Körpers, während $p$ den sog. Schwärzegrad, der eine Funktion der Absorptionszahl, der Schichtstärke und der Temperatur ist, und $\varphi$ in diesem Falle einen Beiwert darstellt, der von der Form der Flamme abhängt und im allgemeinen in der Nähe von 1 liegt.

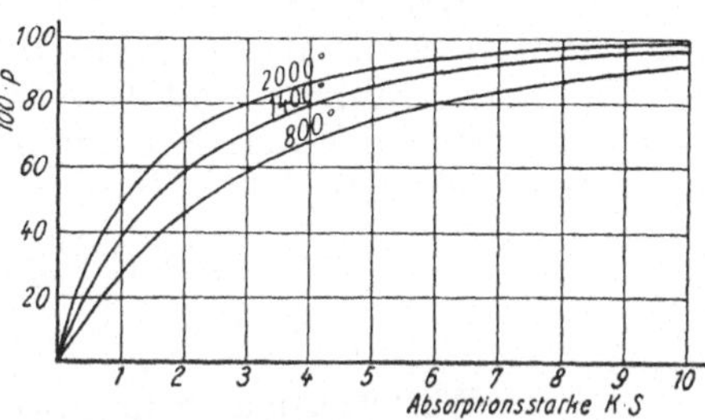


Abb. 39. Schwärzegrad leuchtender Flammen in Abhängigkeit von der Absorptionsstärke nach Schack.

Der Schwärzegrad ist in Abb. 39 in Abhängigkeit von der Absorptionsstärke $k \cdot s$ (Absorptionszahl $k \times$ Schichtstärke $s$ in m) und der Temperatur dargestellt. Die Abschätzung des Wertes $k$, der für die meisten technischen Fälle in der Größenordnung von 2—3 zu liegen scheint, ist bei der Vorausberechnung ziemlich schwierig.

Zu bemerken ist, daß dieser Schwärzegrad für eine bestimmte, und zwar vorzugsweise die maximale Zahl der durch die Aufschließung des Brennstoffs durch die Hitze gebildeten Rußsuspensionen gilt, die indessen durch den fortschreitenden Abbrand bis auf 0 abnehmen. In glei-

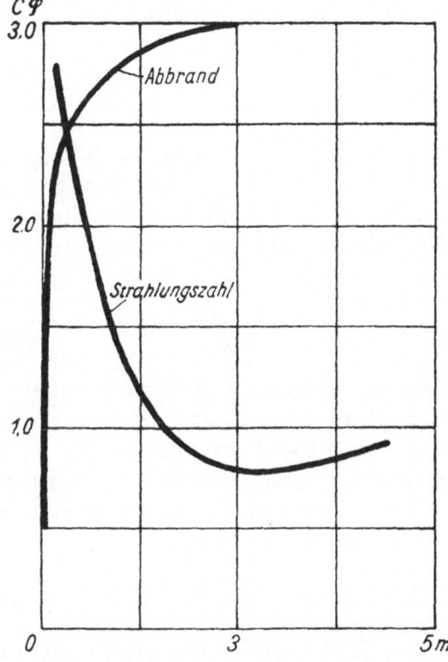


Abb. 40. Verlauf der Strahlungszahl (und des Abbrandes) über der Flammenlänge. Mittelwerte nach den Messungen von Lindmark und Edenholm.

chem Maße nimmt die Intensität der Strahlung auf dem Flammenweg von einem Höchstwert auf den Wert der reinen Gasstrahlung ab, und zwar entsprechend, wenn auch nicht proportional dem Verlauf des Abbrandes. Diese Annahme wird durch die Messungen von Lindmark und Edenholm an Ölflammen bestätigt[1]) (vgl. Abb. 40).

Flammenstrahlung und Gasstrahlung treten im Bereich der leuchtenden Flamme gemeinsam auf, jedoch ist ihre Wirkung nicht gleich der Summe beider, sondern

$$C_{\Sigma} = (p + (1 - p) \cdot \psi) \cdot C_2 \,. \tag{193}$$

### Wärmeaustausch in gaserfüllten Räumen.

Nimmt man an, daß zwei feste Körper in Strahlungsaustausch stehen, und daß sie durch ein selektiv strahlendes und entsprechend strahlenabsorbierendes Gas getrennt seien, dessen Strahlungszahl $\psi C_0$ ist, so ist infolge der Reabsorption

$$C = \frac{(1 - \psi)\, C_1 \cdot C_2}{C_0} \; {}^2). \tag{194}$$

Der Wert für $\psi$ richtet sich nach der Zusammensetzung, der Schichtdicke und der Temperatur des Gases. Sind die strahlenden Flächen durch eine leuchtende Flamme von der Strahlungszahl $p \cdot C_0$ und durch ein Gas getrennt, so ist

$$C = \frac{(1 - \psi - p) \cdot C_1 \cdot C_2}{C_0} \,. \tag{195}$$

Die absorbierten Wärmemengen sind in der Wärmebilanz der Vorgänge in der Feuerung als der Flamme bzw. dem Gas zugeführt zu bewerten. Rost-, Flammen- und Gasstrahlung lassen sich nicht zu einer Formel vereinigen, sondern müssen nacheinander berechnet werden[3]).

---

[1]) T. Lindmark u. H. Edenholm, „The Flame Radiation in water-cooled boiler furnaces". Ingeniörs Vetenskaps Akademien Handlingar No. 66. Stockholm 1927.

[2]) Eine mathematische Begründung dieser Formel s. Gumz, „Der Wärmeaustausch durch Strahlung in gaserfüllten Räumen". Feuerungstechnik XVII (1928), 16, S. 181—185.

[3]) Ein ausführliches Beispiel vgl. Dr.-Ing. E. Baumann, „Der Wärmeübergang im Lokomotivkessel unter besonderer Berücksichtigung der Strahlung". (Dissert.) Glasers Ann. 1927.

### Wärmeübertragung durch Konvektion[1]).

Für die feuerungstechnischen Berechnungen ist besonders die Wärmeübertragung bei erzwungener turbulenter Strömung in Rohren, längs der Rohre, quer, längs und schräg durch Rohrbündel sowie an ebenen Flächen von Interesse.

### Strömung im Rohr.

Für die Strömung im Rohr gilt nach Nusselt

$$\alpha = 22,5 \cdot d^{-0,16} \cdot (w \cdot \gamma)^{0,79} \cdot \lambda^{0,21} \cdot c_p^{0,79} \cdot L^{-0,05} \qquad (196)$$

oder

$$\alpha = 22,5 \cdot d^{-0,16} \cdot w^{0,79} \cdot \frac{\lambda}{a^{0,79}} \cdot L^{-0,05} \qquad (197)$$

und als Mittelwert für die Rohrlänge 0 bis $L$

$$\alpha_m = 23,7 \cdot d^{-0,16} \cdot w^{0,79} \cdot \frac{\lambda}{a^{0,79}} \cdot L^{-0,05}, \qquad (198)$$

$d$ [m] ist der Durchmesser. Bei nicht kreisrunden Strömungsquerschnitten ist der äquivalente Durchmesser aus

$$d_{\text{aeq.}} = \frac{4 \times \text{Fläche}}{\text{Umfang}} \qquad (199)$$

zu errechnen, wobei nur der am Wärmeaustausch teilnehmende Umfang einzusetzen ist, also z. B. bei einem rechteckigen Luftvorwärmerkanal von der Spaltbreite $a$ und der Spaltlänge $b$

$$d = \frac{4 \cdot a \cdot b}{2b} = 2a, \qquad (199\,\text{a})$$

$(2 \times$ Spaltbreite$)$ $w$ [m/sec] ist die wirkliche mittlere Geschwindigkeit, $\gamma$ das spez. Gewicht, $\lambda$ [kcal/mh°C] die Leitfähigkeit, $c_p$ die spez. Wärme, $a = \dfrac{\lambda}{c_p \cdot \gamma}$ [m²/h] die Temperaturleitfähigkeit und $L$ [m] die Rohrlänge

---

[1]) Es sei hier auf die reichhaltige zusammenfassende Literatur hingewiesen: H. Groeber, „Einführung in die Lehre von der Wärmeübertragung". Berlin 1926 (Springer). — A. Schack, „Der industrielle Wärmeübergang" (Stahleisen). Düsseldorf 1929. — F. Merkel, „Die Grundlagen der Wärmeübertragung". Dresden und Leipzig 1927, Steinkopf. — M. ten Bosch, „Die Wärmeübertragung", 2. Aufl. Berlin 1927, (Springer) u. a. m.

Die Werte $\lambda$ und $a$ sind von der Temperatur abhängig, und zwar ist hierfür die Temperatur der Grenzschicht maßgebend, die aus der Beziehung

$$T = T_k \frac{\dfrac{T_g}{T_k} - 1}{\ln \dfrac{T_g}{T_k}} \qquad (200)$$

gefunden wird. $T_k =$ kleinste, $T_g =$ größte abs. Temperatur (Gas und Wand). Für die meisten technischen Fälle kann man mit dem Mittel zwischen Gas- und Wandtemperatur rechnen.

Zahlentafel 8.

$$b = \lambda^{0,21} \cdot (\gamma c_p)^{0,79} \text{ für Luft und angenähert für Rauchgas}[1].$$

| $t_m =$ | 0 | $b =$ 0,170 | $t_m =$ 350 | $b =$ 0,105 | $t_m =$ 700 | $b =$ 0,083 |
|---|---|---|---|---|---|---|
| | 50 | 0,154 | 400 | 0,101 | 750 | 0,081 |
| | 100 | 0,142 | 450 | 0,097 | 800 | 0,080 |
| | 150 | 0,132 | 500 | 0,093 | 850 | 0,079 |
| | 200 | 0,124 | 550 | 0,090 | 900 | 0,078 |
| | 250 | 0,117 | 600 | 0,088 | 950 | 0,077 |
| | 300 | 0,111 | 650 | 0,085 | 1000 | 0,076 |

E. Schulze[2] hat aus seinen Messungen die vereinfachte Formel

$$\alpha = \frac{2,9 \cdot w_0^{0,8}}{\sqrt[3]{d}} \qquad (201)$$

abgeleitet, ohne Einfluß der Rohrlänge und der Temperatur, soweit diese nicht in $w_0$ steckt. $w_0$ ist die reduzierte Geschwindigkeit, bezogen auf $0°$ 760 mm

$$w_0 = \frac{w \cdot 273}{t + 273}. \qquad (202)$$

Für Rauchgase ergeben sich etwas höhere Werte, der Korrekturfaktor ist Abb. 41 zu entnehmen.

A. Schack hat gefunden, daß die Schulzesche Formel, die bei $d = 100$ mm gute Übereinstimmung mit anderen Forschern zeigt, bei kleineren Durchmessern höhere Werte gibt; er schlägt hierfür vor

$$\alpha = \frac{2 \cdot w_0^{0,8}}{\sqrt[4]{d}}. \qquad (203)$$

---

[1] Nach Hütte I, 25. Aufl.
[2] E. Schulze, „Versuche zur Bestimmung der Wärmeübergangszahl von Luft und Rauchgas in technischen Rohren". Arch. Eisenhüttenwes. 2 (1928), 4, S. 223—244.

Die Potenz von $d$ scheint auch von $d$ selbst abzuhängen, und zwar mit $d$ anzusteigen, so daß die Formel nicht über den untersuchten Meßbereich hinaus (125—150 mm Durchmesser) extrapoliert werden darf.

Auf Grund des vorhandenen Versuchsmaterials ist der Einfluß der Geschwindigkeit unbestritten, der Einfluß des Durchmessers dagegen nicht ausreichend geklärt und zwischen der — 0,16 bis — 0,25 sten Potenz liegend, der Einfluß der Rohrlänge noch stark umstritten[1]) und der Einfluß der Temperatur, besonders wenn man mit der reduzierten Geschwindigkeit rechnet, unbedeutend gering. In Abb. 42 sind Gleichung (198) und (199a) für die Verhältnisse in Rauchrohren, in Luftvorwärmern u. dgl. ausgewertet.

Nusselt[2]) hat indessen an Hand verschiedener Messungen und Theorien den Nachweis geführt, daß der von Schulze und Schack abgestrittene Einfluß der Temperatur doch vorhanden sein muß, eine Feststellung, der allerdings in erster Linie theoretischer Wert beizumessen ist.

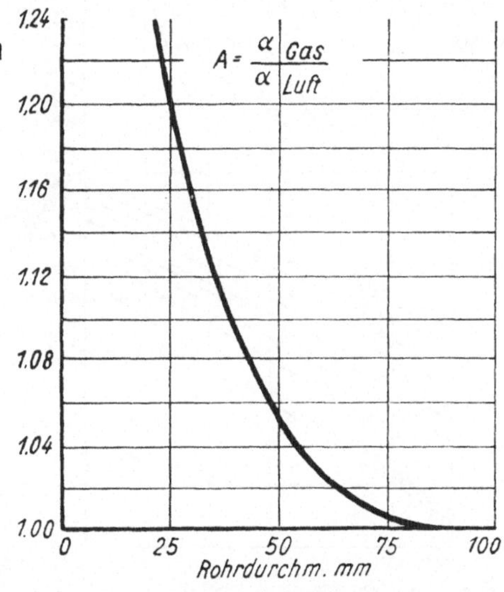


Abb. 41. $A = \dfrac{\alpha_{\text{Gas}}}{\alpha_{\text{Luft}}}$ (Konvektion allein, für ein Gas von $23\%$ $CO_2$, $77\%$ $N_2$) nach Schulze,

---

[1]) Während Schulze keinen Einfluß der Rohrlänge festgestellt hat, findet Nusselt die Potenz — 0,05, E. Haucke [Arch. f. Wärmew. 11 (1930), 2, S. 53—61] sogar die Potenz — 0,29, und W. Stender negiert auf Grund theoretischer Überlegungen (Wiss. Veröff. a. d. Siemens-Konzern IX, 2) überhaupt die Möglichkeit, ein einfaches Potenzgesetz zu finden, da sich $\alpha_m$ einem konstanten Mindestwert $\alpha_{\text{min}}$ nähert.

[2]) Nusselt, „Der Einfluß der Gastemperatur auf den Wärmeübergang im Rohr". Techn. Mech. u. Thermodyn. 1 (1930), 8, S. 277 bis 290.

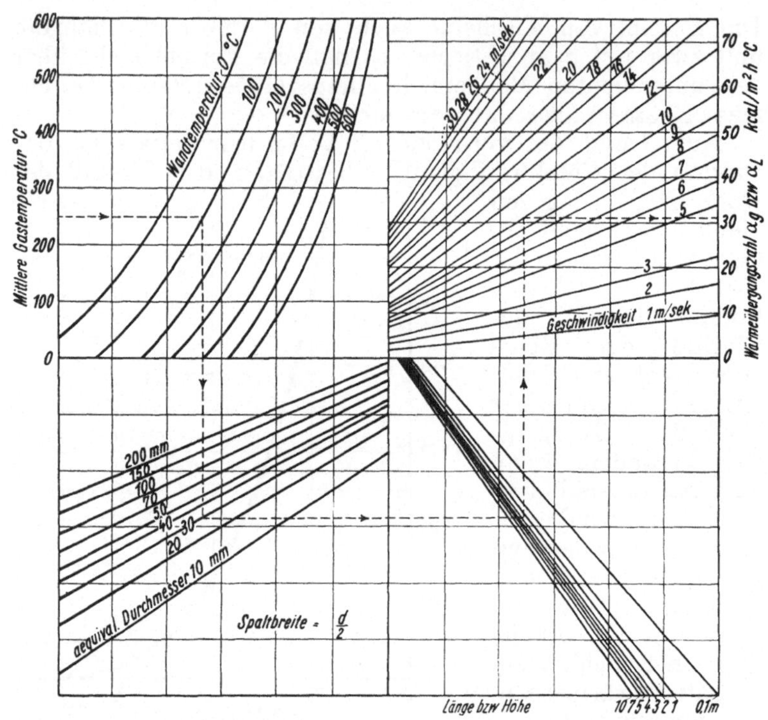


Abb. 42. Tafel zur Bestimmung von Wärmeübergangszahlen in Rohren und Kanälen (nach Nusselt).

## Ebene Wand.

Für ebene Wände ist nach Jürges[1])

$$\alpha = 6{,}14 \cdot w^{0{,}78} + 4{,}6 \cdot e^{-0{,}6} \cdot w \tag{204}$$

und im Bereich der Geschwindigkeiten $w \geqq 5$ m/sec

$$\alpha = 6{,}14 \cdot w^{0{,}78}. \tag{205}$$

Diese Versuche sind bei 50° Wand-, 20° Lufttemperatur durchgeführt. Allgemein kann man etwa setzen:

$$\alpha = 4{,}0 \cdot w_0^{0{,}8} \tag{206}$$

## Rohre (außen) und Röhrenbündel.

Der Wärmeübergang bei einer Strömung um ein Rohr senkrecht zur Rohrachse wird nach Reiher durch die Formel

---

[1]) Ges. Ing. 45 (1922), 52, S. 641 und Beihefte 3 z. Ges. Ing. Reihe 1 (1924), S. 19.

von der Form

$$\alpha = C \cdot \frac{\lambda_m}{d} \left(\frac{w_m d_m}{\mu_m}\right)^P \qquad (207)$$

erfaßt[1]). Damit ist für Einzelrohre nach H. Reiher[2]) die Konstante $C = 0{,}350$, die Potenz $P = 0{,}56$. Nach Lohrisch ist auf Grund von Diffusionsversuchen[3]) $C = 0{,}325$, $P = 0{,}563$. Nach Schack kann man aus den Messungen von Reiher und Hughes folgende vereinfachte Gleichung ableiten:

$$\alpha = 4{,}0 \cdot \frac{w_0^{0,56}}{d^{0,44}}, \qquad (208)$$

die sowohl für Luft wie auch für Rauchgas angenähert gelten soll.

Aus dem Strömungsbild Abb. 43 ergibt sich nach Lohrisch[3]) eine Verteilung der Wärmeübergangsleistung nach Abb. 44.

Einen Sonderfall stellt das Rippenrohr dar, wie es besonders in Ekonomisern (neuerdings auch in Kesseln)[4]) verwendet wird. Ein Rippenrohrbündel hat den Vorteil, einer guten und gleichmäßigen Gasverteilung. Eingehende Untersuchungen auf Grund der theoretischen Vorarbeiten von E. Schmidt[5]) hat Neusselt angestellt[6]). Außer den Rohrabmessungen spielen auch Rippenhöhe, Rippenabstand und Rippenstärke eine Rolle, und zwar sind stärkere Rippen im allgemeinen vorteilhafter als dünne.

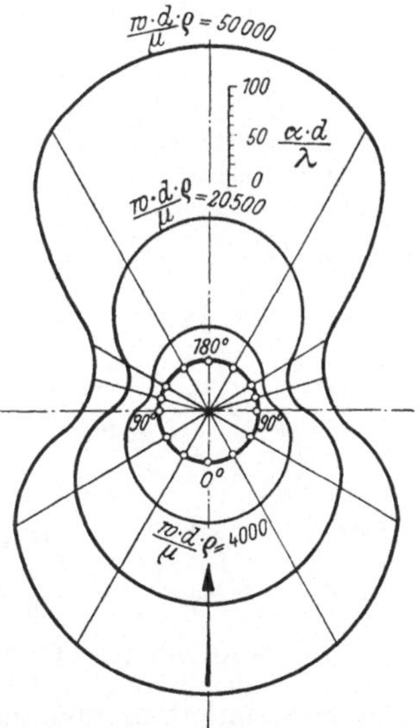

Abb. 43. Strömungsbild bei einer Gasströmung um ein Rohr.

Abb. 44. Verteilung des Wärmeübergangs auf den Umfang eines Rohres. Nach Lohrisch.

---

<sup></sup>[1]) Als Geschwindigkeit ist die Maximalgeschwindigkeit an der engsten Stelle zwischen 2 Rohren einzusetzen.

[2]) H. Reiher, „Wärmeübergang von strömender Luft an Rohren und Röhrenbündeln im Kreuzstrom“. Forschungsheft 269, Berlin 1925.

[3]) W. Lohrisch, „Bestimmung von Wärmeübergangszahlen durch Diffusionsversuche“. Forschungsheft S. 322. Berlin 1929.

[4]) d'Huart, „Rippenrohrkessel“. Wärme 53 (1930), 8, S. 113—116.

[5]) VDI. 70 (1926), S. 885.

[6]) Neusselt, „Wärmedurchgang und Wärmeaufnahme von Rippenrohren“. Arch. f. Wärmew. 10 (1929), S. 51—56.

**Bei der Strömung durch Rohrbündel senkrecht zur Rohrachse** ergeben sich folgende Beiwerte:

Zahlentafel 9.

| Rohr-reihen | Gleichung (207) nach Reiher | | | | Gleichung (207) nach Lohrisch | | | | Gleichung (208) nach Schack | | | | | |
|---|---|---|---|---|---|---|---|---|---|---|---|---|---|---|
| | fluchtend | | versetzt | | fluchtend | | versetzt | | fluchtend | | | versetzt | | |
| | $C$ | $P$ | $C$ | $P$ | $C$ | $P$ | $C$ | $P$ | $C$ | $P_w$[1] | $P_d$[2] | $C$ | $P_w$[1] | $P_d$[2] |
| 2 | 0,122 | 0,654 | 0,100 | 0,69 | — | — | — | — | 4,2 | 0,654 | 0,346 | 5,3 | 0,69 | 0,31 |
| 3 | 0,126 | 0,654 | 0,113 | 0,69 | — | — | 0,167 | 0,661 | 4,4 | 0,654 | 0,346 | 6,1 | 0,69 | 0,31 |
| 4 | 0,129 | 0,654 | 0,123 | 0,69 | — | — | — | — | 4,5 | 0,654 | 0,346 | 6,6 | 0,69 | 0,31 |
| 5 oder mehr | 0,131 | 0,654 | 0,131 | 0,69 | 0,0403 | 0,775 | 0,161 | 0,661 | 4,55 | 0,654 | 0,346 | 7,0 | 0,69 | 0,31 |

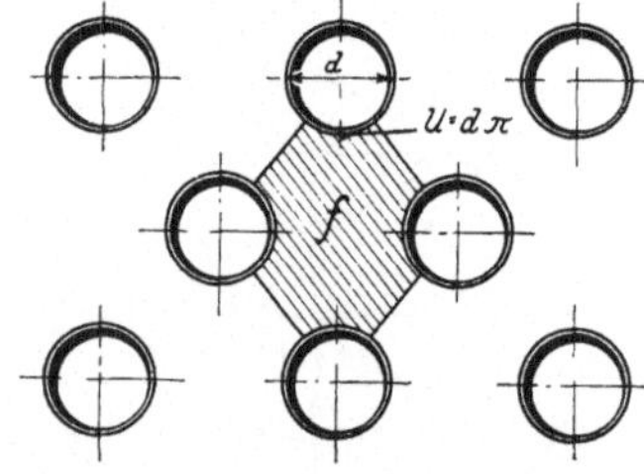


Abb. 45. Äquivalenter Durchmesser bei der Strömung längs der Rohre eines Röhrenbündels.

Nach Schack können die Gleichungen auch für Rauchgas verwendet werden. Der Einfluß der Gasstrahlung ist darin nicht berücksichtigt und muß besonders errechnet werden.

Der Einfluß des Rohrabstandes hintereinanderliegender Rohre ist leider nicht genügend untersucht worden, obwohl er von großem Einfluß sein muß. Die Formeln gelten daher genau nur für Rohrabstände etwa gleich dem doppelten Rohrdurchmesser. Als versetzt im Sinne der Gleichung gilt eine Röhrenordnung nur, wenn die Rohre zweier nebeneinanderliegender Reihen keine geradlinige Gasse freilassen, durch welche der Gasstrom hindurchschießen kann.

**Bei der Strömung durch Rohrbündel parallel zur Rohrachse** kann man den Wärmeübergang etwa gleich der Strömung in den Rohren setzen, richtiger aber erscheint es, den wirklichen äquivalenten Durchmesser nach Gleichung (199) (vgl. Abb. 45) einzuführen. Bei sehr großen Durchmessern der Rohre bzw. $d_{aeq.}$ nähern sich die Verhältnisse dem Wärmeübergang an ebene Wände.

---

[1] Potenz der Geschwindigkeit in Gl. (208).
[2] Potenz des Durchmessers in Gl. (208).

**Die Strömung schräg durch ein Rohrbündel** ist viel häufiger als eine reine Parallelströmung. Da hier die wirkliche Strömung der Umströmung eines elliptischen Rohres gleichkommt, kann man die Strömung anteilig als eine Strömung senkrecht zum Rohr ($\alpha_\perp$) und parallel zum Rohr ($\alpha_\parallel$) auffassen und erhält dann annähernd

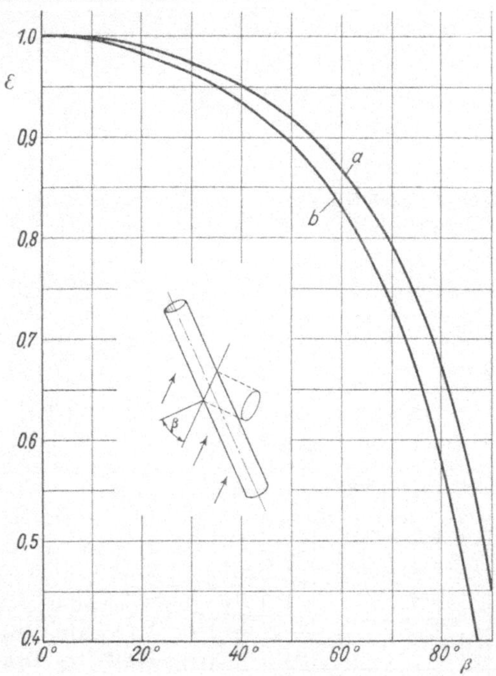

Abb. 46. Werte zur Ermittlung der Wärmeübergangszahlen bei der Strömung schräg durch ein Röhrenbündel. Aus Gl. (210.)

(*a* bei fluchtender, *b* bei versetzter Rohranordnung.)

$$\alpha_{\text{schräg}} = \frac{\alpha_\perp \cdot \pi + \alpha_\parallel \left( \dfrac{1}{\cos \beta} - 1 \right)}{\pi + \dfrac{1}{\cos \beta} - 1}. \tag{209}$$

In Abb. 46 ist der Wert $\varepsilon$ aus

$$\alpha_{\text{schräg}} = \varepsilon \cdot \alpha_\perp \tag{210}$$

aufgetragen, so daß man aus den Gleichungen der Strömung senkrecht zu Röhren und Röhrenbündeln und Abb. 46 die gesuchten $\alpha$-Werte erhalten kann.

## Wasser, Öl und Heißdampf.

Der Wärmeübergang auf der Wasser- und Dampfseite von Kessel und Ekonomisern findet so wenig Übergangswiderstand, daß er bei der Berechnung des Wärmedurchgangs nur eine sehr geringe Rolle spielt. Für strömendes Wasser kann man nach Schack auf Grund der Messungen von Stanton, Soennecken, Stender, Mc Adams und Forst und Blake und Peters setzen:

$$\alpha = 2900 \cdot w^{0,85}(1 + 0,014 \cdot t_{fl}), \qquad (211)$$

für strömendes Öl

$$\alpha = 2,5 \cdot w \cdot t_{öl}. \qquad (212)$$

Der Wärmeübergang von Heißdampf kann nach Formel (198) erfaßt werden[1]).

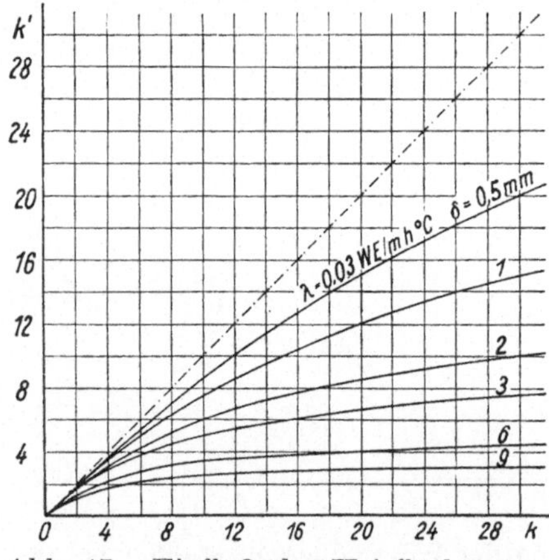


Abb. 47. Einfluß der Heizflächenverschmutzung auf die Wärmedurchgangszahl (bei gleicher Größenordnung von $\alpha_1$ und $\alpha_2$).

## Wärmedurchgang.

Die Wärmedurchgangszahl $k$ (kcal/m² h °C) wird ermittelt aus der Beziehung:

$$\frac{1}{k} = \frac{1}{\alpha_1} + \frac{\delta}{\lambda} + \frac{1}{\alpha_2}. \qquad (213)$$

Bei reiner Heizfläche ist $\delta/\lambda$ zu vernachlässigen, dagegen wirkt es sich bei äußerer und innerer Verschmutzung durch Ruß, Staubkrusten, Kesselstein, Ölbelag auch bei geringer Schichtstärke (m) infolge der geringen Leitfähigkeit ($\lambda$) stark aus.

Abb. 47 und Zahlentafel 10 geben einen Anhalt über die Größenordnung dieses Einflusses, der meist infolge seiner Unberechenbarkeit je nach dem Grade der zu erwartenden Verschmutzung geschätzt werden muß.

---

[1]) Ausführlich behandelt in der „Feuerungstechnik" XVIII (1930), 13/14 und 15/16, S. 129—134 und 152—155. Gumz und Michel, „Die Wärmeübertragung in Überhitzern". Besonders sei auf die dort angegebene Möglichkeit hingewiesen, an Stelle der Geschwindigkeit die Querschnittsbelastung in kg/m² h einzuführen.

Zahlentafel 10.
**Wärmeleitzahlen.**

| Stoff | Temperatur | Wärmeleitzahl |
|---|---|---|
| Eisen ⎰ | 100 | 47 |
|  | 300 | 43 |
|  ⎱ | 600 | 32 |
| Koks | 20 | 0,13 |
| Ruß | — | 0,03—0,06 |
| Schamottestein ⎰ | 200 | 1,00 |
|  ⎱ | 500 | 1,16 |
| Silikastein | 50—1000 | 0,6—1,2 |
| Kesselstein[1]) gipsreich | 300 | 0,6—2,0 |
| „ silikatreich | 300 | 0,07—0,15 |

**Bei der Berechnung der Wärmeübergangszahl außen und
der Bestimmung der Gasgeschwindigkeit ist auf den wirklichen Strömungsverlauf und den wirklich beaufschlagten
Strömungsquerschnitt zu achten, und nur dieser ist in Rechnung zu setzen.**

### Die mittlere Temperaturdifferenz.

Ist $\tau_k$ die kleinste und $\tau_g$ die größte auftretende Temperaturdifferenz, so ist die mittlere Temperaturdifferenz

$$\tau_m = \frac{\tau_g - \tau_k}{\ln \dfrac{\tau_g}{\tau_k}}. \tag{214}$$

Vgl. Abb. 48. Bei nicht zu großen Temperaturunterschieden
und nicht zu großen Verschiedenheiten der Wasserwerte der
beiden Medien kann man einfach setzen

$$\tau_m = \frac{\tau_g + \tau_k}{2}. \tag{215}$$

Bei Kreuzstrom liegt die mittlere Temperaturdifferenz
zwischen den Werten von Gleichstrom und Gegenstrom.
Nusselt[2]) fand für ein Beispiel, daß die mittlere Temperaturdifferenz für Kreuzstrom einen 13,52% höheren Wert als
Gleichstrom und 5,71 kleineren Wert als Gegenstrom ergibt[3]).
Wird das eine Medium bei Kreuzstromschaltung dagegen zwei-
oder mehrmals hin und her geführt (häufig bei Luftvorwärmern), so kann etwa mit reinem Gegenstrom gerechnet werden.

---

[1]) Nach Eberle, Arch. f. Wärmew. 9 (1928), S. 171—179; 10 (1929), S. 334—336.    [2]) VDI. 1911, S. 2021.
[3]) Vgl. auch Zimmermann, Ztschr. Bayer. Rev.-V. XXXIII (1929), S. 267ff., und Nusselt, Techn. Mech. u. Thermodyn. 1 (1930) 12, S. 417.

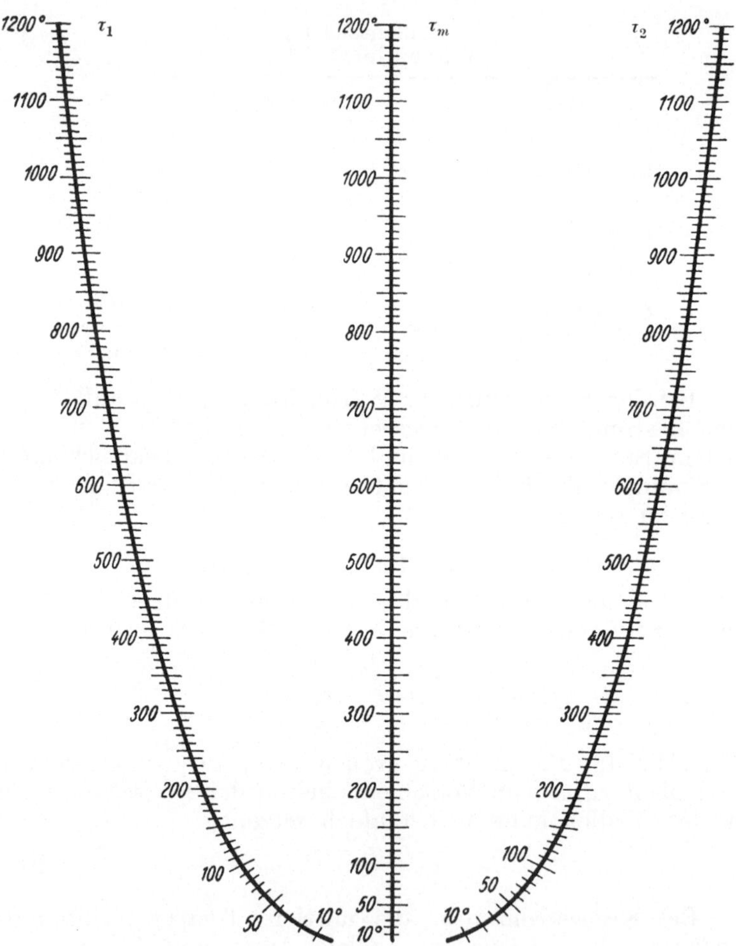


Abb. 48. Hilfstafel zur Bestimmung der mittleren Temperaturdifferenz. (Nach Batke.)

# B. Die Wärmeübertragung in Dampfkesselfeuerungen.

## Berechnung einer Kohlenstaubfeuerung mit vollständig gekühltem Feuerraum.

Einige Sonderfälle der Anwendung der Gesetze des Wärmeübergangs, besonders der Wärmestrahlung, seien herausgegriffen. In der Entwicklung des Dampfkesselbaues spielt der kohlenstaubgefeuerte Strahlungskessel und als äußerster Grenzfall die allseitig gekühlte Brennkammer eine besondere Rolle.

Der zu verfeuernde Kohlenstaub ist ein unhomogenes Gemisch, nach Korngrößen charakterisiert durch eine Häufigkeitskurve, von der die Siebanalyse ein annäherndes Bild gibt. Die Brennzeit ($z$) ist neben den chemischen Eigenschaften der Kohle, ihrer Gestalt, der Temperatur, dem Luftüberschuß und dem Bewegungszustande eine Funktion der

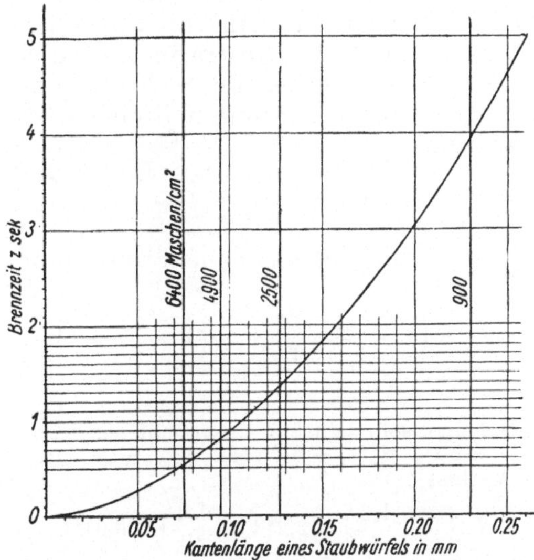


Abb. 49. Die Brennzeit von Braunkohlenstaub nach Rosin (ungefähr auch für andere Staubarten verwendbar).

Korngröße bzw. des Verhältnisses Oberfläche zu Gewicht (s. Abb. 49)[1]. Aus Siebanalyse und Brennzeit läßt sich der Verlauf des Abbrandes annähernd errechnen.

Werden in der Zeit $z_a$ die Anteile $a$, in $z_b$ $b$ usw. vollständig verbrannt, so ist der Abbrand in der Zeit $z_a$

$$a' = a + b\frac{z_a}{z_b} + c\frac{z_a}{z_c} + d\frac{z_a}{z_d} + \cdots = z_a \sum_{x=a}^{x=x} \frac{z_x}{x}, \qquad (216)$$

[1] Rosin, „Die thermodynamischen und wirtschaftlichen Grundlagen der Kohlenstaubfeuerung". Brk. XXIV (1925), 11, S. 241—259; „Thermodynamik der Staubfeuerung". VDI. 73 (1929), 21, S. 719 bis 725, ferner Nusselt, ebenda 68 (1924), S. 124—128. — Audibert, Arch. f. Wärmew. 6 (1925), S. 3. — Hinz, „Über wärmetechnische Vorgänge der Kohlenstaubfeuerung". Berlin 1928.

der Abbrand nach Ablauf der Zeit $z_b$

$$b' = a + b + c \cdot \frac{z_b}{z_c} + d \cdot \frac{z_b}{z_{\ddot{a}}} + \cdots = a + z_b \sum_{x=b}^{x=x} \frac{x}{z_x}, \quad (217)$$

usw. bis

$$x' = a + b + c + d \cdots = 100\% \, B \,,$$

d. h. bis aller Brennstoff $(B)$ restlos verbrannt ist.

Sind im Brennstoff Bestandteile enthalten, bei welchen die vorhandene Zeit nicht zum Ausbrand ausreicht, so erhält man einen Verlust durch das Austragen von unverbranntem Brennstoff. Ist $z_m$ die Brennzeit des nicht mehr verbrannten, $z_{m-1}$ die des eben noch verbrannten Brennstoffs, so ist der Verlust in Prozent

$$m\left(1 - \frac{z_m - 1}{z_m}\right)\% . \quad (218)$$

oder wird $(m - 1)$ und $(m)$ nicht mehr verbrannt, so ist der Verlust

$$(m - 1)\left(1 - \frac{z_m - 2}{z_m - 1}\right) + m\left(1 - \frac{z_m - 2}{z_m}\right)\% \quad (219)$$

usw.

Beispiel: Bei einer sehr schlecht ausgemahlenen Kohle sei $(m - 1)$ $= 7,4\%$, $m = 2,2\%$, $z_{m-2} = 1,3$ sec, $z_{m-1} = 4$ sec, $z_m = 10$ sec, dann ist der Verlust

$$7,4\left(1 - \frac{1,3}{4}\right) + 2,2\left(1 - \frac{1,3}{10}\right) = 6,91\% .$$

Die Abbrandkurve ist die wichtigste und notwendige Grundlage für die Berechnung einer Kohlenstaubfeuerung. Die Zahl der für die Strahlung der leuchtenden Flamme maßgebenden Rußsuspensionen (nicht der Kohlenstaubpartikel) ist sehr schwer zu bestimmen. Durch das durch Zünden, Entgasen und teilweise Vergasen hervorgerufene Aufschließen des Brennstoffs bis zur Verbrennungsreife findet eine Zunahme der Partikel statt, die jedoch stark überlagert wird von ihrer durch den Ausbrand hervorgerufenen Abnahme, woraus sich ein Verlauf nach „a" ergibt (Abb. 50). Praktisch hat man keine Möglichkeit, diesen Verlauf festzustellen, kann aber in großer Annäherung an die wirklichen Verhältnisse annehmen, daß nach Abzug eines entsprechenden Zündweges (bzw. Zündzeit) ein bereits verbrennungsreifer Brennstoff vorliegt, dessen Abbrand sich gleichlaufend mit der Abnahme der Zahl der strahlenden Rußsuspensionen nach Kurve „b" vollzieht (Abb. 50). Bei sehr schnell aufzuschließenden Brennstoffen, wie z. B. Öl, dürfte diese Annahme sogar vollständig zutreffen.

Die Methode zur Berechnung der Wärmeabgabe einer Kohlenstaubflamme in ganz gekühlten Feuerräumen besteht nunmehr darin, daß die Vorgänge der Verbrennung in gleiche Zeitabschnitte (z. B. $^1/_{10}$ sec) unterteilt und jeder Zeitabschnitt sowie der in diesem Zeitintervall durchmessene Raum rechnerisch behandelt wird, wobei der Endzustand des

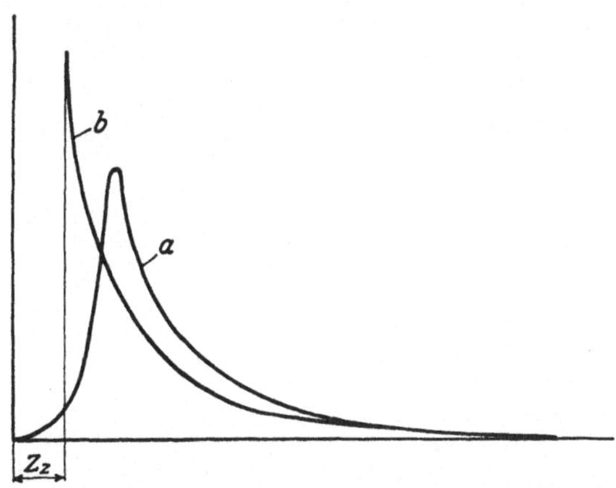


Abb. 50. Verlauf des Abbrandes in der Kohlenstaubflamme.

vorhergehenden Zeitintervalls den Anfangszustand des zu betrachtenden liefert. Lediglich für das erste Zeitintervall sind gewisse Annahmen zu machen, die aber selbst dann, wenn sie unzutreffend sein sollten, kaum einen Einfluß auf das Endergebnis ausüben können.

Der Gang der Rechnung ist dann folgender: Die Kesselleistung solle $Q$ kcal/h betragen, woraus sich ein Brennstoffverbrauch von

$$\frac{Q}{H_u \cdot \eta_k} = B \text{ kg/h}$$

ergibt. Die Brennkammer sei vollständig mit Rohren ausgekleidet, und der Brennstoff, der oben zugeführt wird, verbrennt ohne Umkehr im Brennraum in abwärts gerichteter Flamme. Für die zulässige Brennkammerbelastung erhält man dann die beiden Grenzwerte:

$$\text{oberer Grenzwert } b_o = \frac{3600\,(H_u + J_1)}{V_{n\,h} \cdot z}, \tag{220}$$

$$\text{unterer Grenzwert } b_u = \frac{3600 \cdot \sigma\,(H_u + J_1)}{V_{n\,l} \cdot z}, \tag{221}$$

$z =$ Brennzeit des größten Kornes, das in der Kammer restlos ausbrennen soll, $\sigma =$ Abstrahlung $(100\% = 1)$, $V_{n\,l}$ die Gasmenge in m³/kg Brennstoff beim Luftüberschuß $n$ und Temperatur $t$; $b_o$ gilt für den Fall, daß die mittlere Gastemperatur in der Kammer gleich der theoretischen Verbrennungstemperatur, $b_u$ für den Fall, daß sie gleich der einstweilen geschätzten Endtemperatur ist, der wirkliche Wert liegt selbstverständlich zwischen diesen beiden Grenzwerten, aus praktischen Gründen (wegen der auftretenden Schwankungen in der Flammenlänge) empfiehlt es sich, näher an den oberen Grenzwert heranzugehen[1]). Eine Kontrolle über die getroffene Annahme gestattet das Endergebnis der Rechnung. Bei den heute gebräuchlichen Mahlfeinheiten gelangt man so zu Brennkammerbelastungen von $b = 250\,000{-}350\,000$ kcal/m³h.

Ein Blick auf die Abbrandkurve (Abb. 51) läßt jedoch erkennen, daß man durch eine ganz geringe Draufgabe an Wirkungsgrad (bzw. Ausbrand) mühelos zu ganz wesentlich höheren Belastungen kommen kann, etwa $800\,000$ bis über $1\,000\,000$ kcal/m³h, zumal auch das Mittel erhöhter Wirbelung zur Verkürzung der Brennzeit noch nicht bis zur letzten Konsequenz ausgeschöpft ist.

Aus dem ermittelten Wert von $b$ ergibt sich dann das Brennkammervolumen

$$K = \frac{Q}{b}\ [\text{m}^3] \qquad (222)$$

und der Durchmesser

$$d = \sqrt[3]{0{,}67 \cdot K}, \qquad (223)$$

falls man z. B. $d : h = 1 : 1{,}9$ macht.

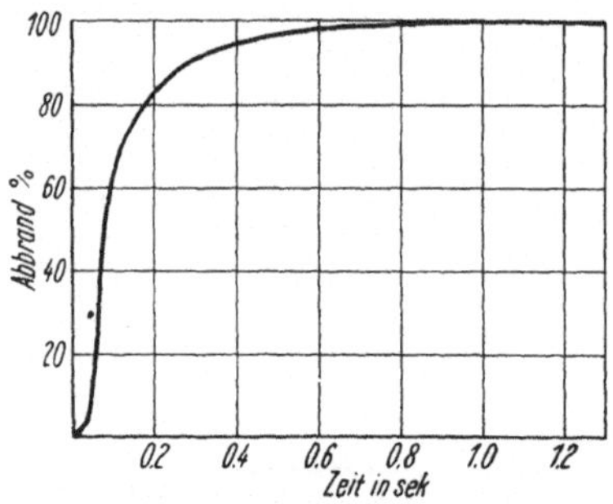



Abb. 51. Abbrandkurve (Kohlenstaubfeuerung).

Man teilt nun die Abbrandkurve in gleiche Zeitabschnitte $z$ (für den letzten Teil der Kammer können diese Abschnitte größer gemacht werden als für den ersten) und ermittelt gleichzeitig den in jedem Zeitabschnitt auftretenden Luftüberschuß. Wird der gesamte Brennstoff mit der gesamten Verbrennungsluft $n \cdot L_{\min}$ je kg $B$ verbrannt, so ist die Luftüberschußzahl $n$, verbrennen dagegen (in dem betrachteten Zeitabschnitt) nur $x$ kg $B$ $(x < 1)$, so ist der wirkliche Luftüberschuß größer, und zwar ist

$$n' = \frac{n}{x}. \qquad (224)$$

Zu berücksichtigen ist ferner dabei der Luftzuteilungsfaktor $\lambda$ für den Fall, daß ein Teil der Verbrennungsluft erst später im Verlauf des Brennweges zugeführt wird.

Älteren Ausführungen der Kohlenstaubfeuerungen haftete häufig der Mangel an, daß die Flamme durch derartige späte Luftzuführung

---

[1]) Siehe G u m z, Beiträge zur Berechnung der Kohlenstaubfeuerungen, Feuerungstechn. XV (1927), 14—17, S. 157 ff., bes. S. 184—185.

unnötig verlängert wurde, während andererseits die wünschenswerte hohe Sauerstoffkonzentration in der Zündzone nicht vorhanden war. Heute hat sich der kurzflammige Wirbelbrenner mit möglichst rechtzeitiger Luftzugabe allgemein durchgesetzt, ebenso geht man mehr und mehr von der „Umkehrflamme" ab, da sie die Forderung, die Aschen und Schlackenteilchen auszuscheiden, doch nur mangelhaft erfüllt und vom Standpunkt der Wärmeübertragung und restlosen, rußfreien Ausbrandes bei allen Belastungen, auch beim Belastungswechsel, unzweckmäßig ist.

Die Abstrahlung in jedem Zeitabschnitt wird nun im Sinne der Abb. 52 mit Hilfe eines $Jt$-Diagramms behandelt. In dem Abschnitt $x$, zu dessen Beginn der Anteil $(x-1)$, an dessen Ende der Brennstoffanteil $x$ verbrannt ist, wird

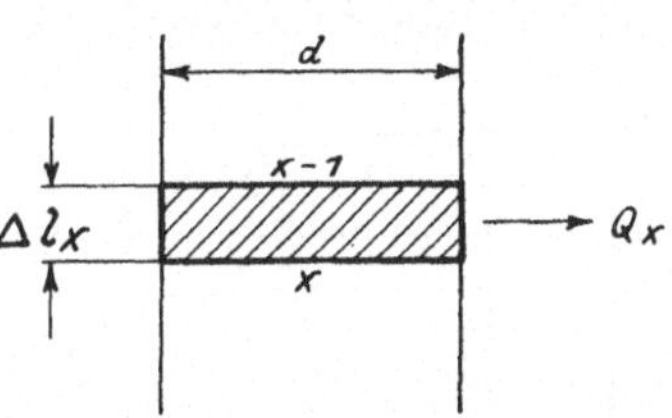

Abb. 52. Schema zur rechnerischen Behandlung des Zeitabschnittes $x$.

die Wärmemenge $Q_x$ abgegeben. Die Länge dieses Abschnitts ergibt sich aus dem Produkt mittlerer Geschwindigkeit mal Zeit

$$\Delta l_x = w_{x_m} \cdot \Delta z_x, \tag{225}$$

$$w_{x_m} = \varepsilon \left( w_{(x-1)} + w_x \right). \tag{226}$$

Der Faktor $\varepsilon$ liegt etwa zwischen 0,4—0,6. Ist die Abbrandkurve in diesem Intervall geradlinig, so ist $\varepsilon = 0,5$. $w_{(x-1)}$ ist aus der Gasmenge, der Gastemperatur und dem gegebenen Querschnitt des vorangehenden Abschnitts $(x-1)$ bekannt, und

$$w_x = \frac{x \cdot B \cdot V_{n_x} \cdot T_x}{273 \cdot 3600 \cdot \dfrac{d^2 \pi}{4}}, \tag{227}$$

und nach Zusammenfassung einiger konstanter Glieder

$$w_x = 4{,}07 \cdot 10^{-6} \frac{x \cdot B \cdot V_{n_x} \cdot T_x}{d^2 \pi}. \tag{228}$$

Es ist also

$$\Delta l_x = \varepsilon \left( w_{(x-1)} + 4{,}07 \cdot 10^{-6} \cdot \frac{x B \cdot V_{n_x} \cdot T_x}{d^2 \pi} \right). \tag{229}$$

Die Wärmeabstrahlung des Gasringes von der Oberfläche $d \pi \cdot \Delta l_x$, dividiert durch die Brennstoffmenge $x B$, ist dann

$$q_x = \frac{Q_x}{x B} = \frac{d \pi \cdot \Delta l_x \tau C_x \left[ \left( \dfrac{T_x}{100} \right)^4 - \left( \dfrac{T_R}{100} \right)^4 \right]}{x \cdot B}. \tag{230}$$

Darin ist die Strahlungszahl

$$C_x = \frac{p_x C_0 \cdot C_R}{C_0} = p_x \cdot C_R.$$ (231)

Der Faktor $p_x$, der mittlere Schwärzegrad des Abschnittes, kann an Hand der Abb. 53 je nach der Lage des jeweils untersuchten Ringes abgeschätzt werden[1]). $C_R$ ist die Strahlungs-

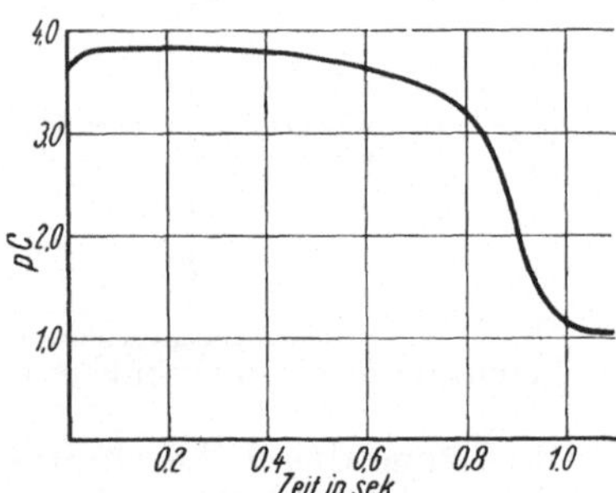


Abb. 53. Verlauf des Schwärze-grades der Kohlenstaubflamme in Abhängigkeit von der Zeit.

zahl, $T_R$ die absolute Temperatur der bestrahlten Rohroberfläche. Einen Maßstab für den Maximalwert des Schwärzegrades gibt die Abb. 39 nach Schack (siehe S. 87), der aber im Verlauf der Verbrennung auf den Wert der reinen Gasstrahlung absinkt. Einen Anhaltspunkt gibt die Abbrandkurve, wobei zu berücksichtigen ist, daß die Verbrennungsreife dem Abbrand entsprechend voreilt. Zu der Abbrandkurve Abb. 51 ergibt sich dann ein Verlauf von $p_x \cdot C_2$ nach Abb. 53.

Der Temperaturkorrekturfaktor

$$\tau = \frac{q_{x_m}}{q_x} = \varepsilon\left[1 + \left(\frac{T_{(x-1)}}{T_x}\right)^4\right]$$ (232)

muß deshalb eingeführt werden, weil hier mit der Strahlung bei der Endtemperatur statt bei der Mitteltemperatur gerechnet wurde. $\varepsilon$ (s. oben) meist $= 0{,}5$.

Hieraus erhält man schließlich durch einfache, für die Auswertung zweckentsprechende Umformungen das im Aufbau einfache, nur etwas vielgliedrige Endergebnis

$$q_x = \left[\frac{d\pi \cdot w_{x-1}}{xB} + 4{,}07 \cdot 10^{-6} \cdot \frac{V_{n_x} \cdot T_x}{d}\right]\Delta z_x \cdot \varepsilon \cdot \tau \cdot p_x C_R \cdot f(T_x).$$ (233)

Die Temperaturfunktion, der Einfachheit halber mit $f(T_x)$ bezeichnet, ist die bekannte in Gleichung (230) auftretende Funktion.

Dieser Rechnungsgang ist auf alle Abschnitte nacheinander anwendbar, mit Ausnahme des ersten. Hier kann man unter Vernachlässigung der Vorgänge auf dem Zündwege annehmen,

---

[1]) Vgl. auch die Ausführungen S. 86.

daß sich durch die eingesetzte Zündung und Gasbildung, durch die Warmluft und die Einmischung eine Anfangstemperatur von etwa 600—700° C einstellt, die sich in schneller Steigerung ($\varepsilon = 0,6$) dem zu errechnenden Endwert $T_a$ nähert. Es ist nun

$$w_0 = \frac{B \cdot n \cdot \lambda \cdot L \cdot T_0}{3600 \cdot 273 \cdot \dfrac{d^2 \pi}{4}}, \tag{234}$$

$$w_a = \frac{a \cdot B \cdot V_{n_a} \cdot T_a}{3600 \cdot 273 \cdot \dfrac{d^2 \pi}{4}}, \tag{235}$$

$$\Delta l_a = w_{am} \cdot \Delta z_a, \tag{236}$$

$$w_{am} = \varepsilon (w_0 + w_m). \tag{237}$$

Daraus ergibt sich:

$$q_a = 4,07 \cdot 10^{-6} \cdot \tau \cdot p_a C_R \cdot \frac{\varepsilon}{d} \left( n \lambda L T_0 \cdot \frac{1}{a} + V_{n_a} T_a \right) \Delta z_a f(T_a). \tag{238}$$

Es ist hier also als Anfangsgasmenge die Luftmenge $L$ eingesetzt und gleichzeitig der Luftzuteilungsfaktor $\lambda$ eingeführt, da gewöhnlich zu Beginn dieses ersten Abschnittes noch nicht alle Luft zugesetzt, also $\lambda < 1$ ist.

Die Luftzuteilung hat insofern eine große praktische Bedeutung, als die Rechnung zeigt, daß auch bei ganz gekühlten Feuerräumen infolge der starken Konzentration der Verbrennung auf die ersten drei Zehntel der Reaktionszeit kurz hinter dem Brenner Temperaturen von 1600—1700° auftreten. Durch die Luftzuteilung hat man es in der Hand, den Verbrennungsvorgang etwas zu verschleppen (allerdings unter Verlängerung der Flamme) und so das Temperaturmaximum zu mildern und weiter vorzuverlegen.

Abb. 54 gibt zahlenmäßig die Endergebnisse eines durchgerechneten Beispiels für folgende Verhältnisse wieder: Brennkammerdurchmesser 3,7 m, Brennkammerhöhe 7 m, Brennkammerform zylindrisch, Brennstoffmenge 2300 kg/h, Verbrennungsluft (nur Primärluft) vorgewärmt auf 0—800° C. Man ersieht vor allem aus Abb. 54 die stark ausgleichende Wirkung der allseitig gekühlten Brennkammer. Die durch die Heißluft eingeführte Wärmemenge wird zum größten Teil durch Strahlung aufgenommen, und nur ein geringer Prozentsatz dient zur Erhöhung des Gaswärmeinhalts.

Diese Berechnung dient dazu, die Endtemperatur am Ende der Brennkammer zu ermitteln. Sie kann dagegen keinen Anspruch darauf erheben, die Temperaturverteilung in der Brennkammer genau wiederzugeben. Die errechnete Flammenlänge ist eine ideelle, die von der wirklichen deshalb abweichen muß, weil die Geschwindigkeitsverteilung über dem

mit ungleich temperierten Gasen erfüllten Querschnitt eine
ganz andere ist, und weil die Flamme den Querschnitt keines-
wegs so voll ausfüllt, wie es die Rechnung annimmt. Aus
diesem Grunde sollte die Rechnung nur auf die Normal- oder
Maximallast des Kessels angewendet werden, nicht aber auf
Teillasten, bei denen die Querschnittsbeanspruchung noch
ungleichförmiger wird. Für die Bestimmung der Endtemperaturen dagegen ist diese Berechnungsmethode trotz der ge-
schilderten Mängel vollkommen ausreichend, da die bewußt
zugelassenen Fehler sich im Laufe des Verbrennungsvorgangs

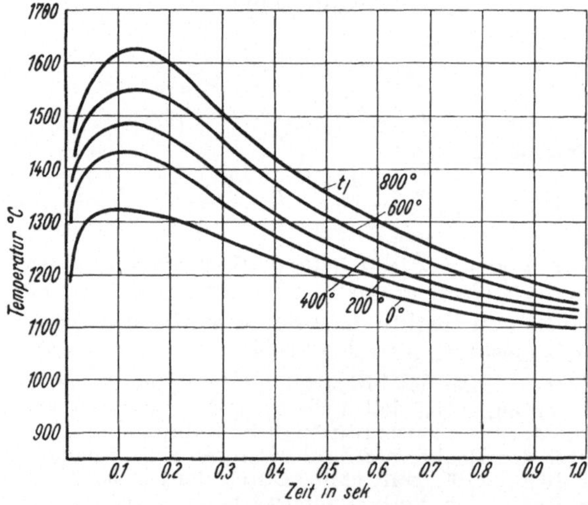


Abb. 54. Rechnungsmäßiger Temperaturverlauf in einer allseitig gekühlten Kohlenstaubfeuerung bei verschiedenen Lufttemperaturen.

innerhalb der Brennkammer ausgleichen. Durch vier an ganz
gekühlten Brennkammern vorgenommene Versuche konnte
eine Übereinstimmung bis auf etwa 20—30° mit der Rechnung gefunden werden.

Es zeigt sich dabei, daß der Einfluß der spezifischen Feuerraumbelastung und der spezifischen Heizflächenbelastung, ausgedrückt durch verbrannte Kohlenmenge pro m² projizierte
Heizfläche, nur einen verhältnismäßig geringen Einfluß auf
die Höhe der Abstrahlung ausübt. Von großem Einfluß ist
dagegen einerseits der Durchmesser $d$ der Brennkammer und
andererseits die Luftüberschußzahl $n$, am Ende der Brennkammer gemessen. Je kleiner der Durchmesser ist, desto

größer ist die Abstrahlung, wobei sich bei kleinen Durchmessern Temperaturen von 800—1000° ergeben, während große Durchmesser von 3 bis 4 und mehr Metern Temperaturen von 1100—1200° erwarten lassen.

## Andere Feuerungssysteme.

**Brennkammern von Kohlenstaubfeuerungen**, bei welchen 60—70% der Oberfläche mit Rohr bedeckt sind, können als vollständig gekühlt angesehen werden, sofern die Rohre auch noch von der Rückwand bestrahlt werden können oder mit gut leitenden Flossen versehen sind. Wird jedoch der Raum zwischen 2 Rohren durch Schlackenansätze zugesetzt, so kommt dies einer Verminderung der Strahlfläche gleich, und die Wärmeaufnahme verschlechtert sich entsprechend.

Bleiben ganze Wände ungekühlt, so kann man die Rechnung in ähnlicher Weise durchführen, indem man zunächst die gekühlten und sodann die ungekühlten Wände für sich behandelt. Die mittlere Wandtemperatur kann man durch Aufstellung einer Bilanz der Wärmezu- und -abfuhr bei angenommenen Wandtemperaturen graphisch leicht ermitteln.

**Ölfeuerungen** verhalten sich ähnlich wie Kohlenstaubfeuerungen, nur sind die Brennzeiten[1]) noch bedeutend kürzer, die Feuerraumbelastungen entsprechend höher, und der Verlauf des Abbrandes hängt im wesentlichen von der Güte der Zerstäubung und der Luftmischung ab. Die Versuche von **Lindmark** und **Edenholm** haben ergeben, daß im ganz gekühlten Verbrennungsraum, der bei ölgefeuerten Dampfkesseln meist vorliegt, 67—77% des Heizwertes oder 55—64% von $(H_u + J_l)$ im Feuerraum nutzbar übertragen werden, abnehmend mit zunehmender Feuerraumbelastung.

**Bei Gasfeuerungen** ist zu unterscheiden zwischen Gasen, die mit leuchtender Flamme verbrennen (Reichgase, besonders kohlenwasserstoffreiche Gase), und solchen, die nur mit schwach leuchtender Flamme verbrennen (arme Gase). Eine „nichtleuchtende" Flamme dürfte wohl praktisch nicht vorkommen (da ja das Leuchten das Merkmal der Flamme bei einer Verbrennungsreaktion ist, und da Messungen an gichtgasbeheizten Flammrohrkesseln zeigen, daß die Wärmeübertragung im Flammrohr größer ist, als sie sich nur nach den Gesetzen der Gasstrahlung ergibt). Bei der Berechnung

---

[1]) Nach **Allner** [VDI. 71 (1927), 13, S. 411—418] etwa 0,2—0,6 sec.

ist man allerdings einstweilen auf eine Abschätzung der auftretenden Flammenlänge angewiesen.

Bei Rostfeuerungen gestaltet sich die Berechnung um so schwieriger, je größer und höher der Feuerraum ist. Während man bei sehr niedrigen (veralteten) Feuerräumen mit den bisher meist verwendeten Berechnungsmethoden auskommt (s. S. 84 u. 88), ist man in allen anderen Fällen gezwungen, die Roststrahlung, Flammenstrahlung und die Gasstrahlung nacheinander und die jeweilige Schwächung der einen durch Absorption in der anderen zu berücksichtigen. Es zeigt sich dabei meist, daß die Roststrahlung in den wenigsten Fällen bis zu der Kesselheizfläche gelangt, da sie unterwegs restlos absorbiert wird. Man kann daher gleich Rost und Flamme gemeinsam als Strahlkörper behandeln, indem man eine mittlere Flammenlänge annimmt, deren Begrenzungsfläche, etwa zum Röhrenbündel parallel laufend, als strahlende Oberfläche angenommen wird. Nur die Gasschicht zwischen diesem idealen Flammenkörper und der Heizfläche ist noch besonders zu behandeln. Eine solche Berechnungsweise gestattet auch eine entsprechende Berücksichtigung der Kohlenqualität, indem z. B. eine Magerkohle einen niedrigen Flammenkörper mit großem Abstand von der Heizfläche, kleinere Abstrahlung und höhere Temperatur, dagegen eine langflammige Fettkohle einen großen Flammenkörper, stärkere Abstrahlung und niedrigere Temperaturen ergibt, wie es den Tatsachen entspricht. Diese Berechnung gibt ebenfalls nur den Wert der Gesamtabstrahlung, jedoch kein absolut richtiges Bild über die Temperatur und Wärmeverteilung im Feuerraum.

# VI. Strömungsvorgänge und Zugerzeugung.

Bei allen feuerungstechnischen Vorgängen handelt es sich um die Erzeugung, Verwertung und Fortschaffung von Gasmengen; die Gesetze der Luft- und Gasbewegung haben daher eine große, häufig noch zu wenig beachtete Bedeutung.

## Das Strömungsbild.

Die Geschwindigkeitsverteilung über einen Querschnitt entspricht im Idealfalle bekanntlich einer Parabel, ausgehend von der ruhenden Grenzschicht ($w = 0$) bis zum Geschwindigkeitshöchstwert in der Mitte. Diese Verteilung wird man jedoch technisch selten antreffen, da eine Reihe von Störungen auftritt, wie z. B. ungleiche Beschaffenheit und Rauhigkeit der Wände, verzerrte Temperaturfelder, ungleiche Gasbeschaffenheit durch Gasentmischung und viele andere Möglichkeiten. Daraus ergibt sich eine große Schwierigkeit für die Messung von Gasgeschwindigkeiten, Gastemperaturen und für die Gasanalyse. Die Messung an einem Punkt kann in vielen Fällen kein ausreichend klares Bild ergeben und muß durch ein Abtasten des ganzen Querschnittes mit dem Meßgerät ersetzt werden.

Bei der Bemessung von Heizflächen, der Berechnung von Geschwindigkeiten usw. spielt der Weg des strömenden Mediums und der wirklich beaufschlagte Querschnitt eine Rolle. Das strömende Gas sucht den kürzesten Weg zwischen den Punkten größten Druckunterschiedes und bildet so, besonders bei ungeschickten Konstruktionen, häufig tote Räume, die einen nutzlosen Materialaufwand darstellen. Wenn auch die Rohre eines Röhrenbündels durch die gleichrichtende Siebwirkung [Sickerströmung[1])] dem etwas entgegenwirken, so sollte doch bei Neuentwürfen von Kesseln, Überhitzern, Vorwärmern und Öfen strenger darauf geachtet werden. Besonders bei Überhitzern, auch bei einigen Vorwärmern findet man mitunter äußerst krasse Fälle, und manche Unterschiede in den $k$-Werten und spezifischen Leistungen sind auf derartige mehr oder weniger große Ausschaltung von Heizfläche zurückzuführen. Es kann dabei auch leicht der Fall eintreten, daß die wirklichen Strömungsquerschnitte wesentlich kleiner sind als die konstruktiv gewollten, wodurch sich höhere Geschwindigkeiten und ein höherer Zugbedarf ergibt als erwartet oder erwünscht.

### Die Strömungsverluste.

Der Druckunterschied, der notwendig ist, um eine Strömung der Gase hervorzurufen, wird in Feuerungs-, Kessel- und Ofenanlagen teils durch Schornsteinwirkung, teils durch mechanische Mittel (Saugzug, Unterwind) und das Zusammenwirken beider hervorgerufen. In einem U-Rohr, das teils mit heißen Gasen vom mittleren spez. Gewicht $\gamma_m$, teils mit Luft von Außentemperatur vom spez. Gewicht $\gamma_l$ erfüllt ist, übt die Luft einen Druck von der Größe

$$\Delta p = h\,(\gamma_m - \gamma_l) \tag{239}$$

aus, der bei der Höhe $h$ die Schornsteinwirkung oder den „Auftrieb" des heißeren Gases darstellt.

---

[1]) Vgl. Michel, Feuerungstechn. XVIII (1930), 9/10, S. 84.

Die Gesamtwirkung ist die algebraische Summe aller Einzelwirkungen, d. h. bei einer Kesselanlage, bei welcher die Gase im Feuerraum (1) und im 3. Zug aufwärts, im 2. und 4. Zug dagegen abwärts und endlich im Schornstein (5) wieder aufwärts strömen, setzt sich die Gesamtzugwirkung zusammen aus (1) − (2) + (3) − (4) + (5) (s. Abb. 55). [Wichtig bei der Messung von Druck- und Zugdifferenzen, wenn sich die Meßpunkte in verschiedener Höhenlage befinden[1]).] Dieser Druckunterschied oder die Zugstärke wird, soweit

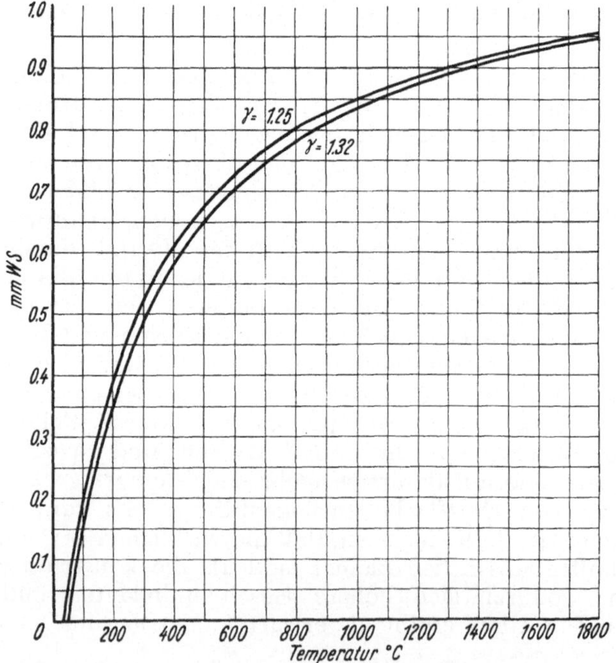



Abb. 55. Auftrieb von 1 m Gassäule (gegenüber $t_l = 20°$).

sie sich nicht durch Erhöhung der Geschwindigkeit in Geschwindigkeitshöhe umsetzt $\left(\gamma \dfrac{w^2}{2\,g}\right)$, durch Reibung, Wirbel- und Stoßverluste aufgezehrt.

**Wärmeübergang durch Konvektion** setzt eine Gasbewegung, also auch einen Druckverlust, voraus, jedoch ist diese Reibung kein Verlust im eigentlichen Sinne, sondern ein „Nutzwiderstand", der die gewünschte Wärmeübertragung herbeiführt. Der Widerstand von Rohren, Rohrbündeln,

---

[1]) Vgl. Konejung, „Zugverlust und Zugbedarf", Arch. f. Wärmew. 10 (1929), 2, S. 62—63. — L. Possner, „Gestaltung und Berechnung von Rauchgasvorwärmern (Ekonomisern)", S. 122/127.

H= 150 140 130 120 110
m
100
90
80
70
60
50
40
30
70
60
50
40
30
20
10
statische Zugstärke m/m WS
0 100 200 300 400 500
°C mittlere Gastemperatur

Abb. 57.

50
40
30
20
Nutzbare Zugstärke m/m WS
-20 ±0 +20 +40
Lufttemperatur °C

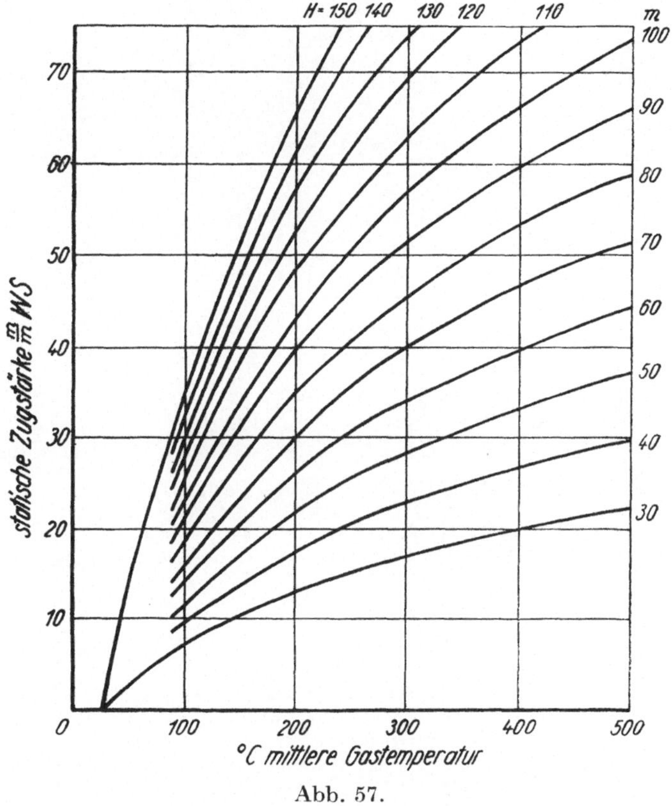

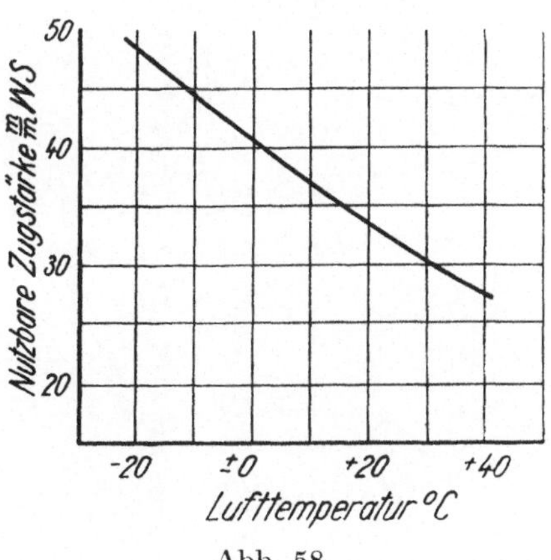

Abb. 58.

# Berichtigungen

## zu W. Gumz: „Feuerungstechnisches Rechnen":

S e i t e 22, A b b. 4, o b e r e K u r v e: $CO_2 + O_2$ statt $CO + O_2$.

S e i t e 93, Z e i l e 3 von u n t e n: N e u s s e l statt N e u s s e l t.

S e i t e 93, A n m e r k u n g 6: N e u s s e l statt N e u s s e l t.

S e i t e 100, G l e i c h u n g 218 und 219:

$$z_{m-1} \text{ und } z_{m-2} \quad \text{statt} \quad z_m - 1 \text{ und } z_m - 2.$$

S e i t e 114, A n m e r k u n g 3:

„Étude sur l'écoulement des fluides en général"
statt „Etude sur l'écoulement des fluides en générale".

S e i t e 124, A n h a n g I, Z a h l e n t a f e l 14: Unter der Spalte
Wasserdampf ist hinzuzufügen:

Schwefligsäureanhydrid $SO_2$  64  64,07  2,860  13,24  —

S e i t e 130, N a m e n v e r z e i c h n i s, mittlere Spalte, 2. Name von
unten: N e u s s e l statt N e u s s e l t.

S e i t e 131, S a c h v e r z e i c h n i s, 8. Zeile von oben, linke Spalte:
aus dem $CO_2$-Gehalt  statt  aus dem $CO$-Gehalt.

Die Abb. 55 (Seite 110),  57 (Seite 114) und  58 (Seite 115) sind
durch die nachfolgenden zu ersetzen:

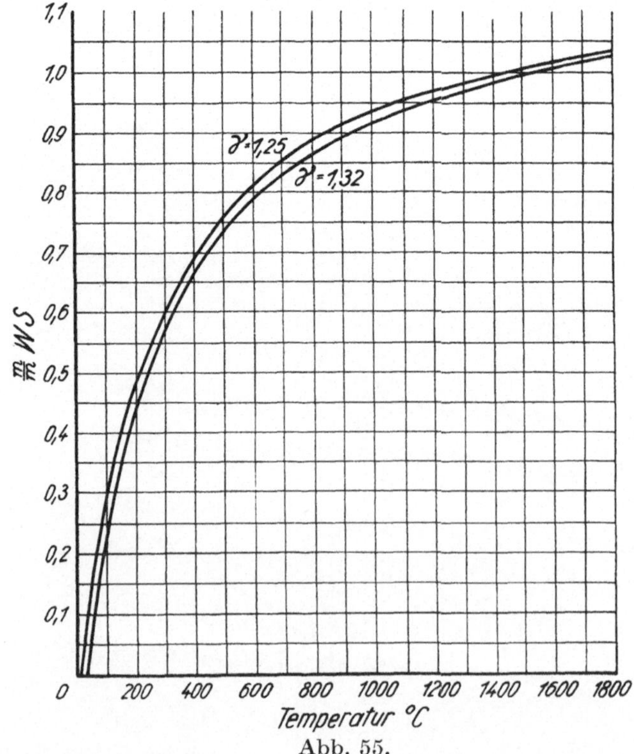


Abb. 55.

Ekonomisern und Luftvorwärmern ist von diesem Standpunkt zu betrachten; nicht der geringste Widerstand ist der wirtschaftlichste, sondern es gibt eine optimale Geschwindigkeit, wo die Summe der Betriebskosten (abhängig vom Widerstand) und der Anlagekosten (abhängig vom Wärmeübergang) ein Minimum wird[1]). Daneben treten jedoch noch Druckabfälle auf, die gar nicht oder nur in ganz geringem Maße zur Wärmeübertragung beitragen, die also reine „Verlustwiderstände" darstellen. Solche Verlustwiderstände sind z. B. die Reibungsverluste an allen Flächen, die nicht direkte Heizfläche sind, die Stoßverluste bei Querschnittsverengungen und -erweiterungen, Reibungs-, Stoß- und Wirbelverluste bei der Gasablenkung, -umkehr und ähnlichen Richtungsänderungen. Aufgabe des Konstrukteurs ist es, diese Verluste nach Möglichkeit in kleinsten Grenzen zu halten, eine Aufgabe, die bei vielen heutigen Kesselkonstruktionen nur sehr unvollkommen gelöst ist. Das Idealbild ist der Ein-Zug-Kessel entweder in senkrechtem oder in waagerechtem Aufbau. Besonders der letztere bietet gute Möglichkeiten einer Entstaubung[2]), und wenn er auch den Auftrieb in den Kesselzügen nicht restlos ausnützt (er bewirkt sogar eine unerwünscht ungleichmäßige Gasverteilung), so vermeidet er andererseits auch hohe Heißluftleitungen, die ihrerseits auch schon einen merklichen Auftrieb besitzen können, der mechanisch überwunden werden muß.

Die Verluste durch Reibung in rauhen Kanälen (gemauerte Kanäle oder rauhe Rohrleitungen) betragen nach Bansen[3]) ungefähr das 1,5—2fache von metallisch glatten Rohren, bei technischen Rohren kommen außer der betrieblichen Verschmutzung zusätzliche Widerstände hinzu durch vorstehende Nietköpfe, Blechkanten an den Stoßstellen usw. In Anlehnung an Brabbée-Fritsche ist nach Bansen

$$R = 5{,}66 \cdot \gamma^{0{,}852} \cdot \frac{w^{1{,}924}}{d^{1{,}281}}. \tag{240}$$

---

[1]) Vgl. Feuerungstechn. XVI (1928), 1, S. 1—5; Luftvorwärmer-Mitteilung Nr. 1 (Luftvorwärmer G. m. b. H., Berlin). — A. Schack, „Der physikalische und wirtschaftliche Zusammenhang von Wärmeübergang und Druckverlust", Arch. Eisenhüttenwes. 2 (1929), 10. S. 613—624.

[2]) Vgl. W. Otte, „Dampfkessel als Flugaschenabscheider", Arch. f. Wärmew. 11 (1930), 8, S. 261—268.

[3]) „Berechnung des Druckabfalls in Gasleitungen und gemauerten Kanälen", Arch. Eisenhüttenwes. 1 (1927), 3, S. 187—192.

Dimensionen: $R =$ Reibungsverlust [mm W.-S. je m Rohrleitung oder Kanal], $\gamma$ [kg/m³], $w$ [m/sec], $d$ [mm]. In eckigen Kanälen ist

$$d = \frac{4 \cdot f}{U} = \left(\frac{4 \times \text{Fläche}}{\text{Umfang}}\right), \tag{241}$$

also beim rechteckigen Querschnitt $a \cdot b$

$$d = \frac{2\,ab}{a + b}. \tag{242}$$

Zahlentafel 11 dient zur leichteren Auswertung der Formel (240).

Zahlentafel 11.

| $\gamma$ [kg/m²] | $\gamma^{0,852}$ | $w$ [m/sec] | $w^{1,924}$ | $d$ [mm] | $d^{1,281}$ |
|---|---|---|---|---|---|
| 0,3 | 0,359 | 0,5 | 0,264 | 50 | 150,1 |
| 0,4 | 0,458 | 1,0 | 1,000 | 100 | 364,8 |
| 0,5 | 0,554 | 2,0 | 3,795 | 200 | 886,4 |
| 0,6 | 0,647 | 4,0 | 14,40 | 400 | 2 154 |
| 0,7 | 0,738 | 6,0 | 31,42 | 600 | 3 621 |
| 0,8 | 0,827 | 8,0 | 54,64 | 800 | 5 234 |
| 0,9 | 0,914 | 10 | 83,95 | 1000 | 6 966 |
| 1,0 | 1,000 | 15 | 183,1 | 1200 | 8 799 |
| 1,1 | 1,085 | 20 | 318,6 | 1400 | 10 720 |
| 1,2 | 1,168 | 25 | 489,4 | 1600 | 12 719 |
| 1,3 | 1,251 | 30 | 695,0 | 1800 | 14 791 |
| 1,4 | 1,332 | 35 | 935,0 | 2000 | 16 928 |

In glatten Rohren und Kanälen kann man den Druckabfall je lfd. m nach

$$\frac{d\,p}{l} = \frac{0,028 \cdot w^2 \cdot \gamma}{d} \left(\frac{\mu}{w \cdot d \cdot \gamma}\right)^{\frac{1}{4}} {}^{1)}. \tag{243}$$

bestimmen. Der Durchmesser $d$ ist hierin in m einzusetzen.

Für die Druckverluste in Rohrbündeln, wie sie bei Wasserrohr- und Steilrohrkesseln vorliegen, bestehen nur wenig Versuchsunterlagen. Reiher[2]) gibt auf Grund seiner Versuche an

$$p = C\,\frac{\varrho \cdot w^2}{d} \left(\frac{w_{\max} \cdot d \cdot \varrho}{\mu}\right)^{-c} \Big[\text{mm W.-S.}\Big]. \tag{244}$$

---

[1]) Vgl. Groeber, „Einführung in die Lehre von der Wärmeübertragung", Berlin 1926.

[2]) A. a. O. S. 63.

**Darin ist**

für ein Bündel von 5 fluchtend angeordneten Rohren $C = 0{,}011$
$c = 0{,}0272$

„  „   „   „ 5 versetzt    ..    ..   $C = 0{,}141$
$c = 0{,}240$

„  „   „   „ 4   „    „    ..   $C = 0{,}147$
$c = 0{,}240$

ferner $\varrho = \dfrac{\gamma}{g}$ Massendichte in $\dfrac{\mathrm{kg}\,s^2}{m^4}$, $w\,(w_{\max})$ (maximale) Geschwindigkeit in m/sec, $d =$ Rohrdurchmesser in m und $\mu$ die Zähigkeit in $\dfrac{\mathrm{kg}\cdot s}{m^2}$. Die Formeln gelten nur für das untersuchte Verhältnis von Rohrabstand zu Rohrdurchmesser (ca. $2:1$).

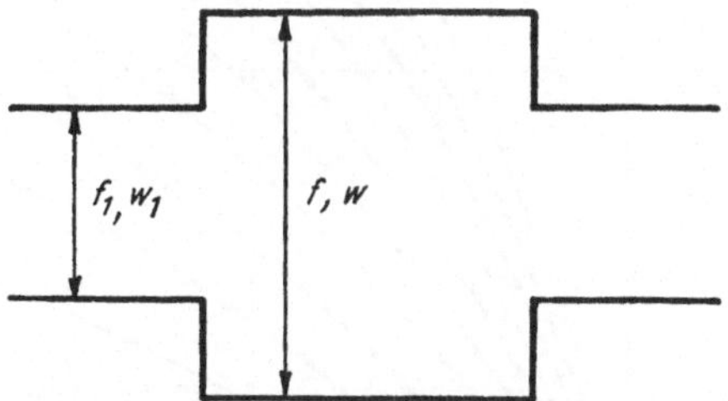


Abb. 56. Querschnittsänderung.

Für die Einzelwiderstände, die größtenteils Verlustwiderstände sind, gilt nach **Rietschel-Brabée**

$$Z = \zeta \frac{w^2}{2g} \cdot \gamma. \tag{245)[1]}$$

Knie 90° scharf, runder oder quadratischer Querschnitt . $\zeta = 1{,}5$
„  90°   „  rechteckig . . . . . . . . . . . . . . .  2,0
„  90° abgerundet . . . . . . . . . . . . . . . . .  1,0
„ 135°   „  . . . . . . . . . . . . . . . . . . . .  0,5
Bogen 90° rund oder rechteckig . . . . . . . . . . .  0,3
„ 135°   „   „   „ . . . . . . . . . . . . . .  0,2
Ausbiegestück . . . . . . . . . . . . . . . . . . . .  0,4
T-Stück in Durchgangsrichtung . . . . . . . . . . . .  1,0
„   „ Abzweigrichtung . . . . . . . . . . . . . .  1,5
Hosenstücke . . . . . . . . . . . . . . . . . . . . .  1,0
Plötzliche Querschnittserweiterung [nach Bansen[2]] . . . . 1,7—1,9

$$\zeta = \left(\frac{f}{f_1} - 1\right)^2 \text{ bezogen auf } w, \left(1 - \frac{f_1}{f}\right)^2 \text{ bezogen auf } w_1 \text{ (s. Abb. 56).}$$

---

[1] $g = 9{,}81$ m/sec² (für Deutschland gültiger Mittelwert).
[2] A. a. O.

Für den Widerstand geschichteter Stoffe (z. B. in Schachtöfen u. dgl.) gibt Bansen[1]) eine Formel nach den Versuchen von Ramsin[2]) und Kräutle an. Diese Formel könnte zwar auch auf die Kohlenschicht der Feuerungen angewendet werden, jedoch stößt man dabei auf die große Schwierigkeit, daß die aufgegebene Korngröße nicht konstant bleibt, sondern sich unter dem Einfluß der Wärme örtlich wie zeitlich wesentlich ändert (Backen und Abbrand!). Auch

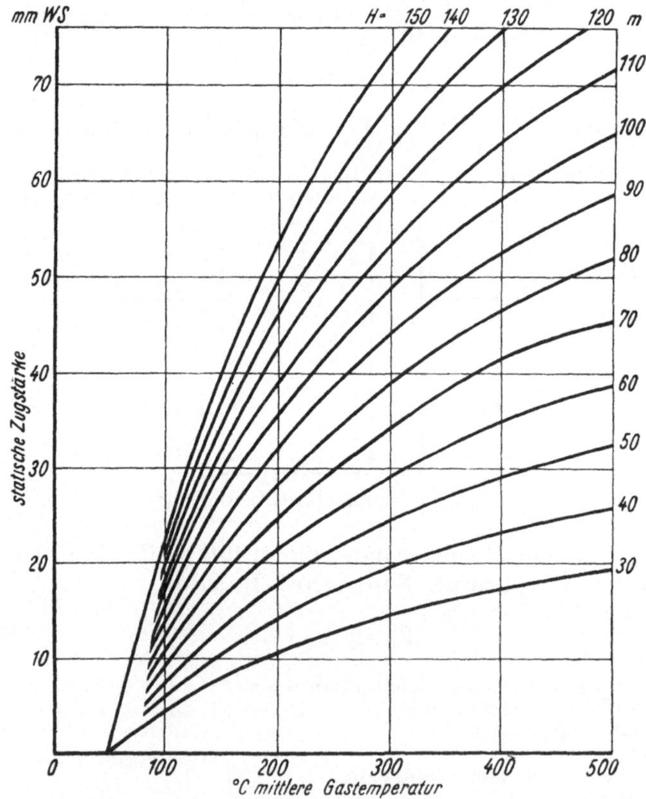


Abb. 57. Statistische Zugstärke von Schornsteinen in Abhängigkeit von der mittleren Gastemperatur im Schornstein und der Höhe (bezogen auf $t_l = 20°$).

Lebrasseur und d'Espine[3]) geben eine Formel, wenn auch nur für Koksschüttung, an.

---

[1]) Dr.-Ing. A. Bansen, „Wärmewertigkeit, Wärme und Gasfluß, die physikalischen Grundlagen metallurgischer Verfahren", S. 30—31.        [2]) Wärme 1928, 16, S. 301.

[3]) A. Lebrasseur u. F. d'Espine, „Etude sur l'ecoulement des fluides en générale", Sonderdruck aus Chal. et Ind. 1922/24.

## Zugerzeugung.

Die Zugstärke am Schornsteinfuß errechnet sich nach Gleichung (239), die man zweckmäßig in der Form

$$\Delta p = H \cdot 273 \left( \frac{\gamma_l}{T_l} - \frac{\gamma_m}{T_m} \right) \tag{246}$$

schreibt. ($H$ = Höhe in m, $\gamma_{m,\,l}$ = spez. Gewicht von Gas bzw. Luft [0° 760], $T_l$ absolute Temperatur der Luft, $T_m$ mittlere absolute Temperatur des Gases.) Hiervon sind noch die Reibungsverluste im Schornstein (meist nur 1—2 mm W.-S.) und Verluste durch die Geschwindigkeitsumsetzung (meist verschwindend gering) abzuziehen, um die nutzbare Zugstärke zu erhalten. Die häufig sehr starke Einschnürung an Schiebern und Klappen muß besonders berücksichtigt werden. Die mittlere Gastemperatur im Schornstein kann man durch Errechnung des Wärmeverlustes durch den Schornsteinmantel rechnerisch oder einfacher graphisch bestimmen. Es muß sein

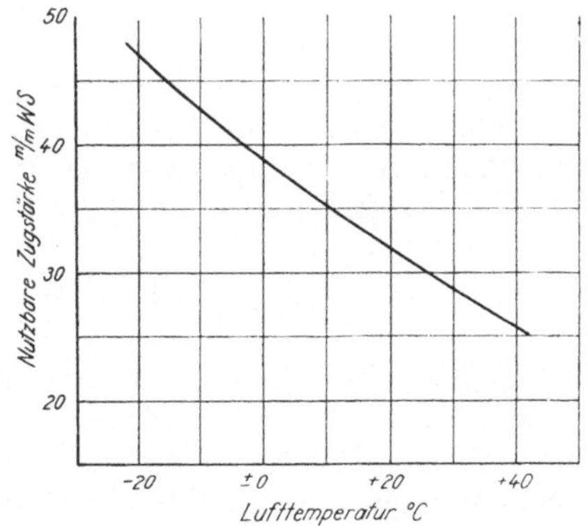



Abb. 58. Einfluß der Außentemperatur auf die Zugstärke eines Schornsteins. ($H = 80\,\text{m}, \gamma = 1{,}33, t_{g\,\text{Fuß}} = 200°, t_{g_m} = 192°$).

$$B \cdot V \cdot C_{p_m} \cdot (t_{g_1} - t_{g_2}) = O \cdot k \cdot \left( \frac{t_{g_1} + t_{g_2}}{2} - t_l \right), \tag{247}$$

$$t_m = \frac{t_{g_1} + t_{g_2}}{2}. \tag{248}$$

Darin ist $t_{g_1}$ die Gastemperatur am Fuß, $t_{g_2}$ an der Mündung, $O$ die Schornsteinoberfläche, $k$ die Wärmedurchgangszahl (Größenordnung 1—3 kcal/m² h° C). Man nimmt 3 Werte für $t_{g_2}$ an und findet im Schnittpunkt der Kurven für die beiden Seiten der Gleichung (247) $t_{g_2}$. Die Temperaturabnahme ist von den Windverhältnissen und vor allem von der jeweils durch den Schornstein strömenden Gasmenge abhängig. Abb. 57 gestattet, die Zugstärken bei einer Außenlufttemperatur von 20° abzulesen. Abb. 58 zeigt den Einfluß der Außentemperatur.

Die Schornsteinweite ist durch die zu wählende Gasaustrittsgeschwindigkeit an der Mündung bestimmt. Man pflegt folgende Werte zugrunde zu legen:

$$
\begin{aligned}
\text{für } 1\text{--}3 \text{ Kessel} &\ldots \ldots w = 4\text{--} 5 \text{ m/sec}\\
\text{,, } 4\text{--}6 \text{ ,,} &\ldots \ldots w = 5\text{--} 7 \text{ ,,}\\
\text{,, } 7 \text{ oder mehr Kessel } &\ldots w = 7\text{--} 9 \text{ ,,}\\
\text{bei Saugzug} &\ldots \ldots w = 10\text{--}15 \text{ ,,}
\end{aligned}
$$

Zu große Geschwindigkeit verursacht zu große Reibungsverluste, zu kleine Geschwindigkeit bringt die Gefahr einer Zugstörung durch Sekundärströmungen mit sich (Einfallen kalter Luft, besonders bei kleinen Belastungen).

Bei Saugzuganlagen kann die Zugstärke beliebig bzw. nach wirtschaftlichen Gesichtspunkten gewählt werden. Der Kraftverbrauch der Saugzugventilatoren ergibt sich aus der bekannten Beziehung

$$
N = \frac{Q \cdot h}{75 \cdot \eta} \text{ in PS} = \frac{Q \cdot h}{102 \cdot \eta} \text{ in kW.} \tag{249}
$$

$Q$ ist die sekundlich geförderte wirkliche Gasmenge in m$^3$, $h$ die Förderhöhe in mm W.-S. und $\eta$ der Wirkungsgrad, wobei zu beachten ist, ob der Wirkungsgrad auf die statische oder die gesamte Förderhöhe (statisch $+$ dynamisch) bezogen ist, d. h. ob man die dynamische Druckhöhe $\frac{w^2}{2\,g} \cdot \gamma$ als Verlust ansieht oder nicht. $\eta$ bezogen auf den statischen Druck ist bei guten Ventilatoren etwa 0,50—0,60.

# VII. Gastechnisches Rechnen.

## Gasgesetze.

Alle gastechnischen Rechnungen, soweit sie für den Feuerungstechniker in Frage kommen, stützen sich auf die drei einfachen Gasgesetze von Boyle-Mariotte, Gay-Lussac und die Kombination der beiden, die allgemeine Zustandsgleichung. Nach dem Boyle-Mariotteschen Gesetz ist

$$
\frac{v_1}{v_2} = \frac{p_2}{p_1} \tag{250}
$$

oder

$$
p_1 \cdot v_1 = p_2 \cdot v_2 = p \cdot v = \text{const.} \tag{251}
$$

Besonders zu beachten sind die Dimensionen $p$ kg/m$^2$, $v$ m$^3$/kg, $t$ ° C, $T$ ° K.

Nach dem Gay-Lussacschen Gesetz ist

$$v_1 = v_0(1 + \alpha t),  \tag{253}$$

$$\alpha = \frac{1}{273},  \tag{253}$$

$$\frac{v_1}{v_2} = \frac{1 + \alpha t_1}{1 + \alpha t_2} = \frac{273 + t_1}{273 + t_2} = \frac{T_1}{T_2}.  \tag{254}$$

Durch Kombination von Gleichung (251) mit Gleichung (254) erhält man

$$\frac{p_1 \cdot v_1}{T_1} = \frac{p_2 \cdot v_2}{T_2} = \frac{p_0 \cdot v_0}{T_0} = R = \text{const}  \tag{255}$$

oder

$$p \cdot v = R \cdot T \quad \text{(für 1 kg Gas)},  \tag{256}$$

$$p \cdot V = G \cdot R \cdot T \quad \text{(für } G \text{ kg Gas)}.  \tag{257}$$

Die Gaskonstante $R$ ist

$$R = \frac{847{,}92}{m}, \quad \left( \sim \frac{848}{m} \right),  \tag{258}$$

worin $m$ das Molekulargewicht ist. Für Luft ist $R = 29{,}27$ (vgl. Anhang S. 124).

Bei Gasmischungen ist nach dem Daltonschen Gesetz der Druck $p$ der Mischung gleich der Summe der Teildrücke $p_1 + p_2 + p_3 + \cdots$, folglich

$$V(p_1 + p_2 + p_3 + \cdots) = (G_1 \cdot R_1 + G_2 \cdot R_2 + G_3 \cdot R_3 + \cdots) \cdot T,$$

$$V \cdot p = G \cdot R_m \cdot T$$

und

$$G \cdot R_m = G_1 \cdot R_1 + G_2 \cdot R_2 + G_3 \cdot R_3 + \cdots$$

$G_{1,\,2,\,3}$ sind die Gewichtsanteile, $G_1/G$ usw. also die Gewichtsprozente, $G_1/G = g_1$ usw. also

$$R_m = g_1 \cdot R_1 + g_2 \cdot R_2 + g_3 \cdot R_3 + \cdots$$

Andererseits kann man $R_m$ nach Gleichung (258) ermitteln, indem man

$$m = v_1 \cdot m_1 + v_2 \cdot m_2 + v_3 \cdot m_3 + \cdots$$

einführt. $v_1, v_2, v_3 \ldots$ sind die Volumprozente des Gases.

### Reduktion des Gasvolumens auf 0° 760 mm $Hg$.

Soll ein Gas beim Barometerstand $b$ mm Hg und beim Überdruck $p$ mm Hg sowie bei der Temperatur $t°$ C auf 0° 760 mm Hg umgerechnet werden, so ist

$$v_0 = \frac{b + p}{760} \cdot \frac{273}{273 + t} \cdot v.  \tag{259}$$

Handelt es sich dagegen um feuchtes Gas (s. unten) und beträgt der Sättigungsdruck des Wasserdampfes bei der Temperatur $t°$ C $p_w$ mm Hg, so ist

$$v_0 = \frac{b + p - p_w}{760} \cdot \frac{273}{273 + t} \cdot v .\tag{260}$$

Läßt man also die Feuchtigkeit außer acht, so beträgt der Fehler

$$\frac{100}{b + p} \cdot p_w \ \% \tag{261}$$

und ist beim Fortleiten und beim Verkauf großer Gasmengen (wie z. B. Gichtgas, Koksofengas usw.) schon sehr beachtlich, besonders dann, wenn Lieferer und Abnehmer Messungen an zwei in ihrer Temperatur verschiedenen Stellen vornehmen.

In ähnlicher Weise werden Umrechnungen auf andere Gaszustände, z. B. 15° 735,5 mm Hg usf., vorgenommen.

### Reduktion des spez. Gewichtes.

$$\gamma_{0,760} = \gamma \cdot \frac{273}{273 + t} \cdot \frac{b + p}{760} .\tag{262}$$

### Reduktion des Gasheizwertes.

$$H_{0,760} = H \cdot \frac{273 + t}{273} \cdot \frac{760}{b} .\tag{263}$$

### Gas-Dampf-Mischungen.

Die Mischungen von Gas und Wasserdampf (feuchtes Gas, feuchte Luft) werden nach den gleichen Gesetzen behandelt wie die Gasmischungen. Der Anteil des Wasserdampfes kann allerdings einen Grenzwert, die „Sättigung", nicht überschreiten. Dieser Grenzwert ist durch den Sättigungsdruck (Wasserdampfteildruck) bei der vorhandenen Gastemperatur gegeben. Abb. 59 gibt im tech-

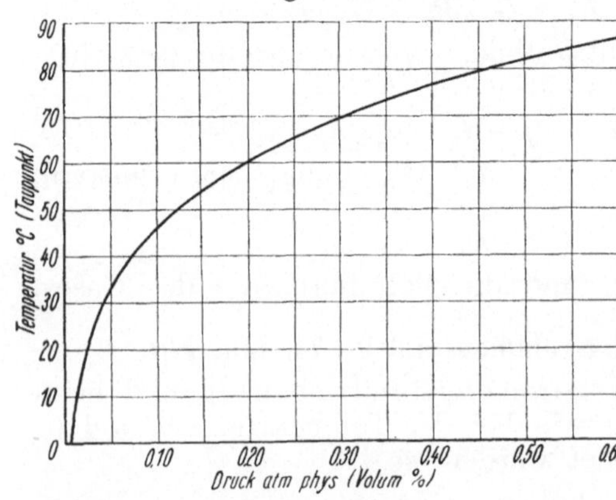


Abb. 59. Dampfspannungskurve (Wasserdampf).

nisch hier interessierenden Bereich die Dampfspannungskurve (Sättigungsdrücke) in Abhängigkeit von der Temperatur wieder [1]). Wohl aber kann dieser Grenzwert unterschritten werden, das Gas ist dann nur teilgesättigt, und man spricht von der „relativen Feuchtigkeit", eine Zahl $\varphi$, die das Verhältnis von wirklicher zur größtmöglichen Sättigung angibt.

Die mittlere relative Feuchtigkeit (in %) der atmosphärischen Luft ist je nach geographischer Lage und Jahreszeit und Witterung verschieden, für Deutschland kann als Mittelwert etwa 80 % angenommen werden.

Eine häufige Aufgabe der Feuerungstechnik ist die Ermittlung des Taupunktes eines Gases. Der Taupunkt ist die Sättigungstemperatur des Gases, unterhalb der sich im Gas enthaltener Wasserdampf in Form von Wassertröpfchen (Tau) ausscheidet. Der Gang der Rechnung ist dann der, daß man auf Grund der Verbrennungsrechnung den Wassergehalt

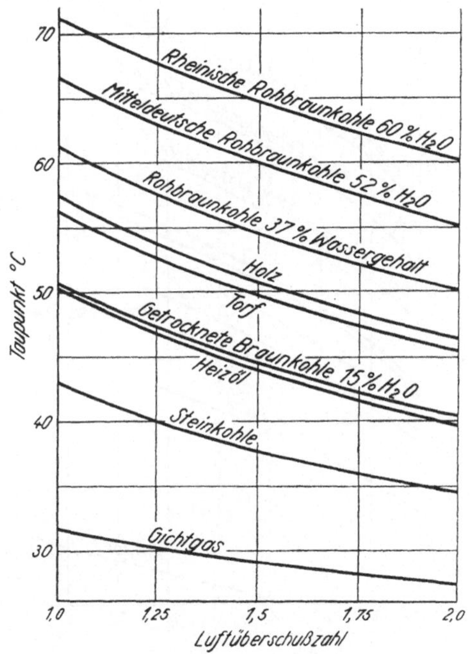


Abb. 60. Taupunkt der Abgase verschiedener Brennstoffe in Abhängigkeit von der Luftüberschußzahl.

des Abgases (in Vol.-% = Teildruck) ermittelt und zu dieser Zahl die zugehörige Temperatur in Abb. 59 abliest. In dieser Abbildung sind die Drucke (Teildrucke) in physikalischen Atmosphären angegeben, da die Verbrennungsrechnung ja ebenfalls mit dem auf 760 mm Q.-S. bezogenen Volumen rechnet. Findet man beispielsweise einen Wasser-(Dampf-)Gehalt des Abgases von 9,46 %, also $p = 0,0946$ atm. phys., so ist die zugehörige Sättigungstemperatur, der Taupunkt, $t = 45°$ C.

---

[1]) Vgl. auch Hütte, 25. Aufl., I, S. 495—496.

In Abb. 60 und 61 sind die Taupunkte der Abgase verschiedener Brennstoffe in Abhängigkeit vom $CO_2$-Gehalt des Gases (auf Trockengas bezogen = Apparatenanzeige) und vom Luftüberschuß wiedergegeben. Sie sind in erster Linie vom Gehalt des Ausgangsbrennstoffes an Wasserstoff, Kohlenwasserstoffen und Feuchtigkeit, ferner aber auch (in geringerem Grade) vom Feuchtigkeitsgehalt der Verbrennungsluft abhängig. Außerdem kann der Wassergehalt beeinflußt werden durch Wasserzutritt durch Rußbläser, Dampfzusatz in der Feuerung (Dampfstrahlgebläse, Rostkühlung durch Dampf), Brennstoffbefeuchtung und Undichtigkeiten von Kesseln, Ekonomisern u. dgl.

Temperaturveränderungen eines Gases verändern gleichzeitig den Sättigungszustand. Ebenso wie bei der Gasabkühlung feuchtes Gas zunächst voll gesättigt wird und dann Tau bildet, wird bei Gaserwärmung die relative Feuchtigkeit

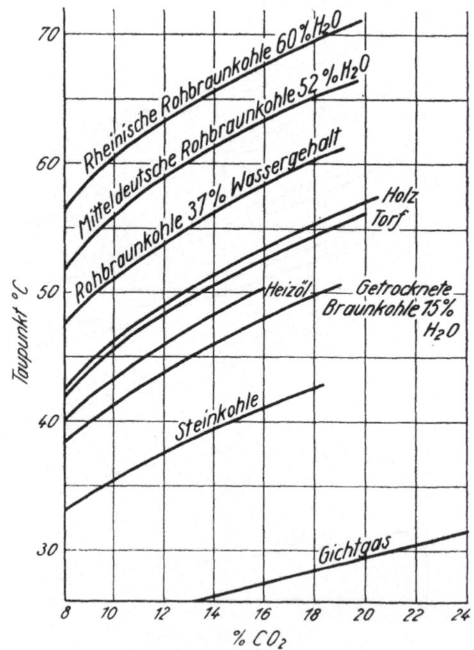


Abb. 61. Taupunkt der Abgase verschiedener Brennstoffe in Abhängigkeit vom $CO_2$-Gehalt.

immer geringer und die Möglichkeit einer Wasserdampfaufnahme immer größer. Bei der Luftbefeuchtung wird technisch hiervon Gebrauch gemacht. Zahlentafel 12 gibt Sättigungsdrücke und Wasserdampfgehalt in kg/kg an.

Das spez. Gewicht von Gas-Dampf-Gemischen ist gleich der Summe der spez. Gewichte unter Berücksichtigung der jeweiligen Teildrücke. Dabei zeigt sich, daß ein feuchtes Gas stets leichter ist als trocknes Gas. Das spez. Gewicht trockner Luft von $20°\,C$ ist $\gamma_l = \dfrac{p}{R \cdot T} = \dfrac{10\,334}{29,27 \cdot 293} = 1,205$. Ist die

Zahlentafel 12.

| $t\,^{\circ}$ C | $p$ atm-phys. | $p$ mm Q.-S. | $x$ kg H$_2$O/kg | $\gamma_d$ Wasserdampf kg/m$^3$ |
|---|---|---|---|---|
| 0 | 0,0060 | 4,58 | 0,00390 | 0,00484 |
| 5 | 0,0086 | 6,54 | 0,00558 | 0,00680 |
| 10 | 0,0121 | 9,21 | 0,00788 | 0,00940 |
| 15 | 0,0168 | 12,79 | 0,01100 | 0,01283 |
| 20 | 0,0231 | 17,54 | 0,01519 | 0,01729 |
| 25 | 0,0313 | 23,76 | 0,02077 | 0,02304 |
| 30 | 0,0419 | 31,82 | 0,02814 | 0,03036 |
| 35 | 0,0555 | 42,18 | 0,0379 | 0,03960 |
| 40 | 0,0728 | 55,32 | 0,0506 | 0,05114 |
| 45 | 0,0946 | 71,88 | 0,0674 | 0,06543 |
| 50 | 0,1217 | 92,51 | 0,0895 | 0,0830 |
| 55 | 0,1553 | 118,0 | 0,1189 | 0,1043 |
| 60 | 0,1966 | 149,4 | 0,1585 | 0,1301 |
| 65 | 0,2467 | 187,5 | 0,2129 | 0,1611 |
| 70 | 0,3075 | 233,7 | 0,2897 | 0,1979 |
| 75 | 0,3804 | 289,1 | 0,403 | 0,2416 |
| 80 | 0,4672 | 355,1 | 0,580 | 0,2929 |
| 85 | 0,5705 | 433,6 | 0,894 | 0,3531 |
| 90 | 0,6918 | 525,8 | 1,559 | 0,4229 |

Luft jedoch 100% gesättigt, so beträgt der Wasserdampfteildruck 0,0231 atm, der Luftteildruck also nur noch $10\,334 - 231 = 10\,103$ kg/m$^2$, folglich $\gamma_l = 1,205 \cdot \dfrac{10\,103}{10\,334} = 1,178$ (auf den neuen Druck umgerechnet) und $\gamma_d = 0,017$, also

$$\gamma_{l\,\text{feucht}} = \gamma_l + \gamma_d = 1,178 + 0,017 = 1,195 \text{ kg/m}^3.$$

Beträgt die relative Feuchtigkeit $\varphi$%, so ist $p_d = \varphi \cdot p_{\text{Sättigung}}$ und $\gamma_d = \varphi \cdot \gamma_{\text{Sättigung}}$, dementsprechend findet man für das Zahlenbeispiel die Werte der Zahlentafel 13.

Zahlentafel 13.
Spez. Gewicht feuchter Luft von 20° C.

| | |
|---|---|
| $\varphi = 0\%$ | $\gamma = 1,205$ kg/m$^3$ (trocken) |
| 20% | 1,203 ,, |
| 40% | 1,201 ,, |
| 60% | 1,199 ,, |
| 80% | 1,197 ,, |
| 100% | 1,195 ,, (gesättigt) |

Ein für technische Rechnungen ausreichender Mittelwert für „mittelfeuchte Luft" von 20° C ist demnach $\gamma = 1,2$ kg/m$^3$.

### Die Vergasung.

Die rechnerische Erfassung der Vergasungsvorgänge stößt — im Gegensatz zur Verbrennung — auf wesentlich größere Schwierigkeiten. Es ist daher nur in einigen Grenzfällen möglich, Gasmenge und Gaszusammensetzung durch eine theoretische Rechnung zu ermitteln, so z. B. der Luftgaserzeugung aus Koks oder Kohlenstoff, wenn man dabei außerdem vom Feuchtigkeitsgehalt der Vergasungsluft sowie dem geringen Prozentsatz des Kokses an flüchtigen Bestandteilen absieht. Aus der einfachen Beziehung

$$C + \tfrac{1}{2}O_2 + N = CO + N \qquad (264)$$

$$12 + \frac{22{,}4}{2} + \frac{22{,}4}{2} \cdot \frac{79}{21} = 22{,}4 + \frac{22{,}4}{2} \cdot \frac{79}{21}$$

ergibt sich je kg C ein Luftbedarf von $4{,}444 \cdots$ nm³, ein Gasausbringen von $5{,}377 \cdots$ nm³, davon $1{,}866 \cdots$ nm³ CO und $3{,}511$ nm³ $N_2$, also eine Gaszusammensetzung von $34{,}71\%$ CO und $65{,}29\%$ $N_2$ und ein Gasheizwert von 1055 kcal/nm³.

Das praktisch erzielbare Ergebnis weicht hiervon ab, weil die Gasreaktionen von der Temperatur und von der Zeit abhängig sind und nicht ganz vollständig verlaufen, weil die Reaktionen in den oberen Schichten des Generators und im Gasraum bei sinkenden Temperaturen im umgekehrten Sinne rückwärts verlaufen und weil in den Randzonen ein ungenügender Kontakt zwischen Gas und Koksoberfläche hergestellt wird, wodurch sich dort ein schlechteres, $CO_2$-haltiges Gas (Randgas) bildet. Es tritt daher immer etwas $CO_2$ im Gas auf, jedoch läßt sich die Gaszusammensetzung bei bekanntem $CO_2$-Gehalt nach Mollier[1] berechnen. Die Ergebnisse sind in Abb. 62 dargestellt.

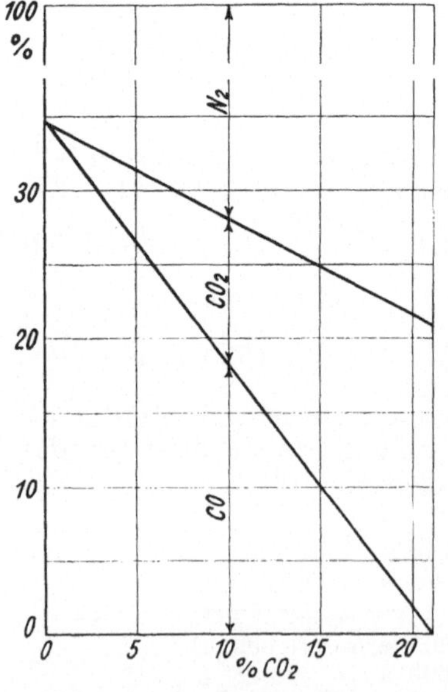



Abb. 62. Zusammensetzung von Luftgas nach Mollier.

---

[1]) Vgl. Menzel, „Die Theorie der Verbrennung", S. 88.

Schwieriger gestalten sich die Verhältnisse bei dem technisch ungleich wichtigeren Mischgasprozeß, wo neben Luft auch noch Wasserdampf in den Generator eingeblasen wird. Bemißt man die Dampfmenge so, daß die positive Wärmemenge des Luftgasprozesses der negativen des Wassergasprozesses die Waage hält, so erhält man 2 Grenzfälle von theoretischem Mischgas:

<table>
<tr><td>I. ($CO_2$-freies Gas)</td><td>II. (CO-freies Gas)</td></tr>
<tr><td>40% CO</td><td>29% $CO_2$</td></tr>
<tr><td>17% $H_2$</td><td>41% $H_2$</td></tr>
<tr><td>43% $N_2$</td><td>30% $N_2$</td></tr>
<tr><td>5 $nm^3$/kg C</td><td>7,15 $nm^3$/kg C</td></tr>
<tr><td>H = 1600 kcal/$nm^3$</td><td>H = 1140 kcal/$nm^3$</td></tr>
<tr><td>0,65 kg $H_2O$/kg C</td><td>2,11 kg $H_2O$/kg C</td></tr>
</table>

Außer den Abweichungen von der Art, wie beim Luftgasprozeß erwähnt, kommt aber hinzu, daß diese Gase einen Wirkungsgrad von $\eta = 100\%$ verlangen, wobei die Gase kalt aus dem Gasometer treten würden. Durch die Versuche von Neumann ist jedoch ein Dampfzusatz von nur 0,4 kg/kg Brennstoff als praktischer Bestwert festgestellt worden, so daß sich wesentlich geringere Wirkungsgrade (ca. 80%) ergeben. Gasausbeute und Zusammensetzung sind natürlich auch vom Wirkungsgrad (bzw., was dasselbe ist, vom Dampfzusatz) abhängig und können unter Annahme des Wirkungsgrades aus dem $CO_2$-Gehalt errechnet werden, wofür Mollier ebenfalls Formeln und einfache graphische Darstellungen angegeben hat[1]).

Als weitere Abweichung vom errechneten Wert ist das Auftreten unzersetzten Wasserdampfes zu erwähnen, das um so größer ist, je stärker der Wasserdampfzusatz ist, so daß aus diesem Grunde die Herstellung des „theoretischen Ideal-Mischgases" ebenfalls unmöglich ist. Wird nicht Kohlenstoff, sondern Kohle vergast, so mischen sich die Entgasungsprodukte (Kohlenwasserstoffe usw.) ebenfalls dem erzeugten Gas bei, indem sie seinen Heizwert verbessern, aber die rechnerische Verfolgung des Gesamtvorganges erschweren.

---

[1]) VDI. 1907, S. 582, auch Hütte, 25. Aufl., S. 535—538, ausführlich bei Menzel, a. a. O.

## Anhang I.

Zahlentafel 14.

## Gastabelle.

| Bezeichnung | Chemisches Symbol | Molekulargewicht | | Spez. Gewicht kg/nm³ (0°, 760) | Gaskonstante | Heizwert kcal/nm³ (0°, 760) |
|---|---|---|---|---|---|---|
| | | ungefähr | genau | | | |
| Sauerstoff . . | $O_2$ | 32 | 32,0 | 1,429 | 26,50 | — |
| Stickstoff . . | $N_2$ | 28 | 28,02 | 1,251 | 30,26 | — |
| Luft . . . . | — | (29) | (28,95) | 1,293 | 29,27 | — |
| Kohlensäure | $CO_2$ | 44 | 44,0 | 1,964 | 19,27 | — |
| Kohlenoxyd . | $CO$ | 28 | 28,0 | 1,250 | 30,28 | 3 040 |
| Wasserstoff . | $H_2$ | 2 | 2,016 | 0,090 | 420,6 | 2 560 |
| Wasserdampf | $H_2O$ | 18 | 18,02 | 0,804 | 47,06 | — |
| | | Gesättigte Kohlenwasserstoffe | | | | |
| Methan . . . | $CH_4$ | 16 | 16,032 | 0,715 | 52,90 | 8 580 |
| Äthan . . . | $C_2H_6$ | 30 | 30,048 | 1,341 | 28,22 | 15 150 |
| Propan . . . | $C_3H_8$ | 44 | 44,064 | 1,967 | 19,24 | 21 750 |
| Butan . . . | $C_4H_{10}$ | 58 | 58,080 | 2,593 | 14,60 | 28 230 |
| | | Ungesättigte Kohlenwasserstoffe | | | | |
| Azetylen . . | $C_2H_2$ | 26 | 26,016 | 1,162 | 32,59 | 13 470 |
| Äthylen . . . | $C_2H_4$ | 28 | 28,032 | 1,251 | 30,25 | 14 100 |
| Propylen . . | $C_3H_6$ | 42 | 42,048 | 1,877 | 20,17 | 20 850 |
| Butylen . . . | $C_4H_8$ | 56 | 56,064 | 2,503 | 15,12 | 27150 |

## Anhang II.

Zahlentafel 15.

### Mittlere spez. Wärme $c_{pm}$ zwischen 0 und $t°\,C$[1]).

| $t°\,C$ | $CO_2$ bezogen auf | | $H_2O$ bezogen auf | | 2 atomige Gase bezogen auf | | $H_2$ bezogen auf | |
|---|---|---|---|---|---|---|---|---|
| | 1 kg | 1 nm³ | 1 kg | 1 nm³ | 1 kg | 1 nm₃ | 1 kg | 1 nm³ |
| 0 | 0,197 | 0,387 | 0,453 | 0,365 | 0,240 | 0,312 | 3,445 | 0,310 |
| 100 | 0,209 | 0,410 | 0,459 | 0,369 | 0,241 | 0,313 | 3,467 | 0,312 |
| 200 | 0,219 | 0,430 | 0,463 | 0,372 | 0,242 | 0,314 | 3,490 | 0,314 |
| 300 | 0,227 | 0,447 | 0,468 | 0,376 | 0,243 | 0,315 | 3,512 | 0,316 |
| 400 | 0,234 | 0,462 | 0,471 | 0,379 | 0,244 | 0,316 | 3,534 | 0,318 |
| 500 | 0,240 | 0,472 | 0,476 | 0,383 | 0,245 | 0,317 | 3,557 | 0,320 |
| 1000 | 0,260 | 0,511 | 0,499 | 0,401 | 0,253 | 0,328 | 3,668 | 0,330 |
| 1500 | 0,277 | 0,545 | 0,528 | 0,425 | 0,260 | 0,337 | 3,780 | 0,340 |
| 2000 | 0,293 | 0,577 | 0,583 | 0,469 | 0,265 | 0,345 | 3,891 | 0,350 |
| 2500 | 0,310 | 0,609 | 0,644 | 0,520 | 0,271 | 0,353 | 4,003 | 0,360 |
| 3000 | 0,326 | 0,641 | 0,710 | 0,571 | 0,278 | 0,360 | 4,115 | 0,370 |

[1]) Zahlenwerte für $CO_2$, $H_2O$ und 2 atom. Gase (CO, $N_2$, $O_2$, Luft) nach Schüle, „Neue Tabellen und Diagramme für technische

## Anhang III.

### Zahlentafel 16.

### Die wärmetechnischen Maße im metrischen und englischen Maßsystem und ihre Umrechnung.

#### 1. Längen-, Flächen- und Raummaße:

| | | | | |
|---|---|---|---|---|
| 1 mm | = 0,0394″ | 1″ (inch) | = | 25,4 mm[1]) |
| 1 m | = 3,2808 ft. | 1 ft. (foot) | = | 0,304800 m |
| 1 m | = 1,0933 yards | 1 yard (3 ft.) | = | 0,914399 m |
| 1 km | = 0,6214 engl. Meilen | 1 engl. Meile | = | 1,6093 km (= 5280 ft.) |
| 1 km | = 0,5396 engl. Seemeilen | 1 engl. Seem. | = | 1,8532 km (= 6080 ft.) |
| 1 cm² | = 0,1552 sq. inch | 1 sq. inch | = | 6,4516 cm² |
| 1 m² | = 10,7639 sq. ft. | 1 sq. ft. | = | 0,092903 m² |
| 1 cm³ | = 0,061024 cb. inch | 1 cb. inch | = | 16,387 cm³ |
| 1 m³ | = 35,3147 cb. ft. | 1 cb. ft. | = | 0,028317 m³ |
| 1 l | = 0,220 Imperial-Gallonen | 1 Imp.-Gall. | = | 4,543 l |
| 1 l | = 0,264 USA.-Gallonen | 1 USA.-Gall. | = | 3,785 l[2]) |

#### 2. Gewichte:

| | | | | |
|---|---|---|---|---|
| 1 kg | = 2,205 lbs. | 1 lb. (pound) | = | 0,4536 kg |
| 1 kg | = 0,07875 quarters | 1 quarter (28 lbs.) | = | 12,701 kg |
| 1 kg | = 0,01966 cwts. | 1 cwt. (4 quarters) | = | 50,80 kg |
| 1 t | = 0,98425 long tons | 1 long ton | = | 1,01605 t |
| 1 Ztr. | = 0,98425 cwts. | 1 cwt. | = | 1,01605 Ztr. |
| 1 g | = 15,43 troygrains | 1 troygrain | = | 0,06481 g |

---

Feuergase und ihre Bestandteile von 0° bis 4000° C'', Berlin 1929; für $H_2$ nach Seufert, ,,Verbrennungslehre und Feuerungstechnik'', Berlin 1921. Bei $H_2O$ und 2 atom. Gasen zeigen die Werte von Schüle gute Übereinstimmung mit denen von J. R. Partington und W. G. Shilling, ,,The Specific Heats of Gases'', London 1924, dagegen liegen die Werte für $CO_2$ von Partington und Shilling unter denen von Schüle und den bisher gebräuchlichen von Neumann u. a. Wenn sich auch dies auf die praktische Feuerungstechnik nur gering auswirkt, so wäre doch eine Klärung, die nur durch weitere Versuche möglich ist, sehr erwünscht.

[1]) Genau 1″ bezogen auf die englische Normaltemperatur von $16^2/_3°$ C (62° F) = 25,40095 mm, bezogen auf die deutsche Normaltemperatur von 20° C bei Benutzung von Stahlmaßen (Ausdehnungskoeffizient $\alpha$ = 0,0000115). Vgl. DIN 890, Blatt 1. Umrechnungstafeln: DIN 890, Blatt 2—5 und DIN 892—893).

[2]) Das Raummaß einer Gallone ist je nach dem gemessenen Gut verschieden (so z. B. für Wein, Bier, Getreide u. a. m.). Vgl. die Mitteilungen des Amer. Bureau of Measurements.

**3. Zusammengesetzte Maße[1]): Drücke, Einheitsgewichte und Geschwindigkeiten:**

1 kg/cm² (atm) =   14,223 lbs./sq. inch      1 lb./sq. inch =  0,0703 kg/cm²
100 mm Q.-S.[2]) =   1,934 lb./sq. inch      1 lb./sq. inch = 51,7 mm Q.-S.[3])
1 t/cm²         =   6,35 t (engl.)/sq.inch   1 t (engl.)/
                                              sq. inch =  0,1575 t/cm²
1 kg/m²         =   0,2048 lb./sq. ft.       1 lb./sq. ft.  =  4,8824 kg/m²

1 kg/m          =   0,6719 lb./sq. ft.       1 lb./sq. ft.  =  4,4882 kg/m
1 kg/m          =   2,01572 lbs./yard        1 lb./yard     =  0,4961 kg/m
1 kg/m³         =   0,06242 lb./cb. ft.      1 lb./cb. ft.  = 16,0196 kg/m³
1 kg/cm³        =   36,127 lbs./cb. inch     1 lb./cb. inch =  0,0277 kg/cm³

1 m/sec         = 196,9 ft./min.             1 ft./min.     =  0,005079 m/sec
1 Knoten        =   0,514 m/sec
                =   2025 yard/h              1 yard/h       =  0,0004938 Knoten
                                                            =  0,0002538 m/sec

1 m³/h          =   0,59 cb. ft./min         1 cb. ft./min  =  1,695 m³/h

**4. Wärmemengen und die wichtigsten zusammengesetzten Maße:**

1 kcal          = 3,968 BTU          1 BTU          = 0,252 kcal
1 kcal/kg       = 1,80 BTU/lb.       1 BTU/lb.      = 0,555... kcal/kg
(Wärmeinhalt)
1 kcal/m³       = 0,112 BTU/cb. ft.  1 BTU/cb. ft.  = 8,899 kcal/m³
1 kcal/m²       = 0,369 BTU/sq. ft.  1 BTU/sq. ft.  = 2,712 kcal/m²
1 kcal/kg °C = 1 BTU/lb. °F. (spez. Wärme zahlenmäßig unabhängig
        vom Maßsystem).

**5. Temperaturen** (vgl. Zahlentafel 17 und Benutzungsanweisung S. 127):

$$9/5 \, t\,°C + 32 = t\,°F^4)$$
$$T\,°C \text{ (abs.)} = 1,8\,°F \text{ (abs.)}$$
$$\Delta t\,°C = 1,8\,°\Delta t\,°F$$
$$5/9 \, (t\,°F - 32) = t\,°C$$
$$T\,°F \text{ (abs.)} = 0,555...\,°C \text{ (abs.)}$$
$$\Delta t\,°F = 0,555...\Delta t\,°C$$

Wärmeausdehnungskoeffizient

$$\alpha\,°/_{00}/°C = 1,8 \cdot \alpha\,°/_{00}/°F \qquad \alpha\,°/_{00}/°F = 0,555...\alpha\,°/_{00}/°F$$

---

[1]) Zur Umrechnung zusammengesetzter Maße bringt man den Ausdruck der Dimension, falls notwendig, durch Kürzung auf die einfachste Form und setzt die entsprechenden einfachen Umwandlungsfaktoren ein. Z. B. $\dfrac{kg}{m} = ? \dfrac{lb.}{ft.}$ Umwandlungsfaktor $= \dfrac{2,205}{3,2808} = 0,6719$.

[2]) 1 mm Q.-S. = 13,596 mm W.-S. (bei 0°) u. kg/m² = 0,0013596 kg/cm².

[3]) 1 lb./sq. inch = 2,0355 inch. Q.-S. bei 32° F (0° C)
            = 2,0416 inch. Q.-S. bei 62° F (16²/₃° C).

[4]) Regel zur Verwandlung von Zentigraden in °F (nach Kent, Mechanical Engineers Handbook): Multipliziere mit 2, ziehe davon ¹/₁₀ ab und addiere 32!
Beispiel: 100° C = ?° F? 2 · 100 = 200 − 20 = 180 + 32 = 212° F.

### 6. Arbeit und Leistung:

| | | | |
|---|---|---|---|
| 1 mkg | = 7,2329 ft. lb. | 1 ft. lb | = 0,1383 mkg |
| 1 PS | = 0,9863 HP | 1 HP | = 1,0138 PS[1]) |
| 1 kW | = 1,34 HP | 1 HP | = 0,7458 kW |
| 1 kg/PSh | = 2,2356 lb./HPh | 1 lb./HPh | = 0,4473 kg/PSh |
| 1 kg/kWh | = 1,6455 lb./HPh | 1 lb./HPh | = 0,6077 kg/kWh |
| 1 kcal/PSh | = 4,0231 BTU/HPh | 1 BTU/HPh | = 0,2486 kcal/PSh |
| 1 kcal/kWh | = 2,9612 BTU/HPh | 1 BTU/HPh | = 0,3377 kcal/kWh |

Kesselgröße (ausgedrückt durch Kesselpferdekraftstunde)

1 m² = 1,07639 BHP  1 BHP (Boiler

horsepower) = 10 sq. ft. = 0,92903 m²

Spez. Kesselleistung (Kesselbelastung):

1 BHP = 100%

rating = 34,5 lbs./10 sq. ft. h.

from and at 212° F

(engl. Normaldampf)

= 33,5236 BTU/

10 sq. ft. h

= 9093,3 kcal/m²h

= 16,845 kg/m² engl.

Normaldampf

1 kg/m²h Normaldampf = 14,223 kg/m²h Nor-

(von 639,3 kcal/kg) = 7,0309% rating  maldampf von

639,3 kcal/kg

### Benutzungsanweisung zur Zahlentafel 17.

Zur Ausschaltung der durch die verschieden liegenden Nullpunkte der Thermometerskalen bedingten Umständlichkeit sind die Umrechnungsergebnisse in Zahlentafel 17 unmittelbar ablesbar für ganze Zehner und Hunderter bis 2990° C und 1890° F. Die Einer und deren Bruchteile können in gleicher Weise wie bei den Logarithmentafeln in den Proportionalteil-Tafeln abgelesen und zugeschlagen werden. Bei den Temperaturen von 1800—7290° F wird die Ergänzungstafel benutzt, indem man zu den auf gleicher Höhe stehenden Zahlen der Haupttabelle die Werte 1000, 2000 oder 3000 zuschlägt.

Zahlenbeispiele:

450° C = ? ° F  842° F (direkt abzulesen).

452° C = ? ° F  450° C = 842 ° F

2° C = 3,6° F

452° C = 845,6° F (unter Zuhilfenahme der

PP-Tafel).

627,8° F = ? ° C  620 ° F = 326,7 ° C

7 ° F = 3,89 ° C

0,8° F = 0,444 ° C

627,8° F = 331,034° C (wie vorher).

2217° F = ? ° C  2210° F = 1000 + 210 = 1210 ° C

7° F = 3,89° C

2217° F = 1213,89° C

(unter Zuhilfenahme der Ergänzungs- und der PP-Tafel).

[1])1 PSh = 0,736 kWh = 632,5 kcal, 1 kWh = 1,36 PSh = 860 kcal.
Mechanisches Wärmeäquivalent: 1 kcal = 427 mkg.

## Zahlentafel 17. Umrechnung von Temperaturen im metrischen und englischen Maßsystem.
### Umwandlung von ° Celsius in ° Fahrenheit.

| °C | 00 | 10 | 20 | 30 | 40 | 50 | 60 | 70 | 80 | 90 |
|---|---|---|---|---|---|---|---|---|---|---|
| −2 | −328 | −346 | −364 | −382 | −400 | −418 | −436 | −454 | — | — |
| −1 | −148 | −166 | −184 | −202 | −220 | −238 | −256 | −274 | −292 | −310 |
| −0 | — | +14 | −4 | −22 | −40 | −58 | −76 | −94 | −112 | −130 |
| 0 | 32 | 50 | 68 | 86 | 104 | 122 | 140 | 158 | 176 | 194 |
| 1 | 212 | 230 | 248 | 266 | 284 | 302 | 320 | 338 | 356 | 374 |
| 2 | 392 | 410 | 428 | 446 | 464 | 482 | 500 | 518 | 536 | 554 |
| 3 | 572 | 590 | 608 | 626 | 644 | 662 | 680 | 698 | 716 | 734 |
| 4 | 752 | 770 | 788 | 806 | 824 | 842 | 860 | 878 | 896 | 914 |
| 5 | 932 | 950 | 968 | 986 | 1004 | 1022 | 1040 | 1058 | 1076 | 1094 |
| 6 | 1112 | 1130 | 1148 | 1166 | 1184 | 1202 | 1220 | 1238 | 1256 | 1274 |
| 7 | 1292 | 1310 | 1328 | 1346 | 1364 | 1382 | 1400 | 1418 | 1436 | 1454 |
| 8 | 1472 | 1490 | 1508 | 1526 | 1544 | 1562 | 1580 | 1598 | 1616 | 1634 |
| 9 | 1652 | 1670 | 1688 | 1706 | 1724 | 1742 | 1760 | 1778 | 1796 | 1814 |
| 10 | 1832 | 1850 | 1868 | 1886 | 1904 | 1922 | 1940 | 1958 | 1976 | 1994 |
| 11 | 2012 | 2030 | 2048 | 2066 | 2084 | 2102 | 2120 | 2138 | 2156 | 2174 |
| 12 | 2192 | 2210 | 2228 | 2246 | 2264 | 2282 | 2300 | 2318 | 2336 | 2354 |
| 13 | 2372 | 2390 | 2408 | 2426 | 2444 | 2462 | 2480 | 2498 | 2516 | 2534 |
| 14 | 2552 | 2570 | 2588 | 2606 | 2624 | 2642 | 2660 | 2678 | 2696 | 2714 |
| 15 | 2732 | 2750 | 2768 | 2786 | 2804 | 2822 | 2840 | 2858 | 2876 | 2894 |
| 16 | 2912 | 2930 | 2948 | 2966 | 2984 | 3002 | 3020 | 3038 | 3056 | 3074 |
| 17 | 3092 | 3110 | 3128 | 3146 | 3164 | 3182 | 3200 | 3218 | 3236 | 3254 |
| 18 | 3272 | 3290 | 3308 | 3326 | 3344 | 3362 | 3380 | 3398 | 3416 | 3434 |
| 19 | 3452 | 3470 | 3488 | 3506 | 3524 | 3542 | 3560 | 3578 | 3596 | 3614 |
| 20 | 3632 | 3650 | 3668 | 3686 | 3704 | 3722 | 3740 | 3758 | 3776 | 3794 |
| 21 | 3812 | 3830 | 3848 | 3866 | 3884 | 3902 | 3920 | 3938 | 3956 | 3974 |
| 22 | 3992 | 4010 | 4028 | 4046 | 4064 | 4082 | 4100 | 4118 | 4136 | 4154 |
| 23 | 4172 | 4190 | 4208 | 4226 | 4244 | 4262 | 4280 | 4298 | 4316 | 4334 |
| 24 | 4352 | 4370 | 4388 | 4406 | 4424 | 4442 | 4460 | 4478 | 4496 | 4514 |
| 25 | 4532 | 4550 | 4568 | 4586 | 4604 | 4622 | 4640 | 4658 | 4676 | 4694 |
| 26 | 4712 | 4730 | 4748 | 4766 | 4784 | 4802 | 4820 | 4838 | 4856 | 4874 |
| 27 | 4892 | 4910 | 4928 | 4946 | 4964 | 4982 | 5000 | 5018 | 5036 | 5054 |
| 28 | 5072 | 5090 | 5108 | 5126 | 5144 | 5162 | 5180 | 5198 | 5216 | 5234 |
| 29 | 5252 | 5270 | 5288 | 5306 | 5324 | 5342 | 5360 | 5378 | 5396 | 5414 |

P. P.

I.

| °C | °F |
|---|---|
| 1 | 1,8 |
| 2 | 3,6 |
| 3 | 5,4 |
| 4 | 7,2 |
| 5 | 9,0 |
| 6 | 10,8 |
| 7 | 12,6 |
| 8 | 14,4 |
| 9 | 16,2 |

II.

| °F | °C |
|---|---|
| 1 | 0,56 |
| 2 | 1,11 |
| 3 | 1,67 |
| 4 | 2,22 |
| 5 | 2,78 |
| 6 | 3,33 |
| 7 | 3,89 |
| 8 | 4,44 |
| 9 | 5,00 |

## Umwandlung von ° Fahrenheit in ° Celsius.

| °F | 00 | 10 | 20 | 30 | 40 | 50 | 60 | 70 | 80 | 90 |
|---|---|---|---|---|---|---|---|---|---|---|
| —4 | —240,0 | —245,6 | —251,1 | —256,7 | —262,2 | —267,7 | — | — | — | — |
| —3 | —184,4 | —190,0 | —195,6 | —201,1 | —206,7 | —212,2 | —217,8 | —223,3 | —228,9 | —234,4 |
| —2 | —128,9 | —134,4 | —140,0 | —145,6 | —151,1 | —156,7 | —162,2 | —167,8 | —173,3 | —178,9 |
| —1 | —73,3 | —78,9 | —84,4 | —90,0 | —95,6 | —101,1 | —106,7 | —112,2 | —117,8 | —123,3 |
| —0 | —17,8 | —23,3 | —28,9 | —34,4 | —40,0 | —45,6 | —51,1 | —56,7 | —62,2 | —67,8 |
| 0 | —17,8 | —12,2 | —6,7 | —1,1 | +4,4 | +10,0 | 15,6 | 21,1 | 26,7 | 32,2 |
| 1 | 37,8 | 43,3 | 48,9 | 54,4 | 60,0 | 65,6 | 71,1 | 76,7 | 82,2 | 87,8 |
| 2 | 93,3 | 98,9 | 104,4 | 110,0 | 115,6 | 121,1 | 126,7 | 132,2 | 137,8 | 143,3 |
| 3 | 148,9 | 154,4 | 160,0 | 165,6 | 171,1 | 176,7 | 182,2 | 187,8 | 193,3 | 198,9 |
| 4 | 204,4 | 210,0 | 215,6 | 221,1 | 226,7 | 232,2 | 237,8 | 243,3 | 248,9 | 254,4 |
| 5 | 260,0 | 265,6 | 271,1 | 276,7 | 282,2 | 287,7 | 293,3 | 298,9 | 304,4 | 310,0 |
| 6 | 315,6 | 321,1 | 326,7 | 332,2 | 337,8 | 343,3 | 348,9 | 354,4 | 360,0 | 365,6 |
| 7 | 371,1 | 376,7 | 382,2 | 387,8 | 393,3 | 398,9 | 404,4 | 410,0 | 415,6 | 421,1 |
| 8 | 426,7 | 432,2 | 437,8 | 443,3 | 448,9 | 454,4 | 460,0 | 465,6 | 471,1 | 476,7 |
| 9 | 482,2 | 487,8 | 493,3 | 498,9 | 504,4 | 510,0 | 515,6 | 521,1 | 526,7 | 532,2 |
| 10 | 537,8 | 543,3 | 548,9 | 554,4 | 560,0 | 656,6 | 571,1 | 576,7 | 582,2 | 587,8 |
| 11 | 593,3 | 598,9 | 604,4 | 610,0 | 615,6 | 621,1 | 626,7 | 632,2 | 637,8 | 643,3 |
| 12 | 648,9 | 654,4 | 660,0 | 665,6 | 671,1 | 676,7 | 682,2 | 687,8 | 693,3 | 698,9 |
| 13 | 704,4 | 710,0 | 715,6 | 721,1 | 726,7 | 732,2 | 737,8 | 743,3 | 748,9 | 754,4 |
| 14 | 760,0 | 765,6 | 771,1 | 776,7 | 782,2 | 787,8 | 793,3 | 798,9 | 804,4 | 810,0 |
| 15 | 815,6 | 821,1 | 826,7 | 832,2 | 837,8 | 843,3 | 848,9 | 854,4 | 860,0 | 865,6 |
| 16 | 871,1 | 876,7 | 882,2 | 887,7 | 893,3 | 898,9 | 904,4 | 910,0 | 915,6 | 921,1 |
| 17 | 926,7 | 932,2 | 937,8 | 943,3 | 948,9 | 954,4 | 960,0 | 965,6 | 971,1 | 976,7 |
| 18 | 982,2 | 987,8 | 993,3 | 998,9 | 1004,4 | 1010,0 | 1015,6 | 1021,1 | 1026,7 | 1032,2 |

## Ergänzungstafel.
### 1800 bis 7290° F.

| +1000 | | +2000 | | +3000 | |
|---|---|---|---|---|---|
| 18 | | 36 | | 54 | |
| 19 | | 37 | | 55 | |
| 20 | | 38 | | 56 | |
| 21 | | 39 | | 57 | |
| 22 | | 40 | | 58 | |
| 23 | | 41 | | 59 | |
| 24 | | 42 | | 60 | |
| 25 | | 43 | | 61 | |
| 26 | | 44 | | 62 | |
| 27 | | 45 | | 63 | |
| 28 | | 46 | | 64 | |
| 29 | | 47 | | 65 | |
| 30 | | 48 | | 66 | |
| 31 | | 49 | | 67 | |
| 32 | | 50 | | 68 | |
| 33 | | 51 | | 69 | |
| 34 | | 52 | | 70 | |
| 35 | | 53 | | 71 | |
| 36 | | 54 | | 72 | |

# Namenverzeichnis.

# Die Luftvorwärmung im Dampfkesselbetrieb

Von

## Dipl.-Ing. Wilhelm Gumz

Charlottenburg

Mit 89 Abbildungen im Text und auf 2 Tafeln sowie 16 Zahlentafeln

Preis geheftet RM 10.—, gebunden RM 12.—

Inhalt:

I. Brennstoffe.—II. Verbrennung.—III. Verbrennungstemperatur.—IV. Der Verbrennungsvorgang und seine Beeinflussung durch die Temperatur. — V. Kesselleistung und Wirkungsgrad. — VI. Schwierigkeiten des Heißluftbetriebes. — VII. Kesselsonderbauarten für hohe Luftvorwärmung. — VIII. Luftvorwärmerbauarten. —IX. Bemessung und Leistung der Luftvorwärmer. — X. Versuchsergebnisse. — XI. Geschichtlicher Überblick.

Aus den Besprechungen:

**Das Gas- und Wasserfach:** Band 9 der Monographien zur Feuerungstechnik bringt in äußerst klarer Weise und geschickt angeordnet interessante und wissenswerte Ausführungen über die Leistungssteigerung der Dampfkesselanlagen sowie Verbilligung des Dampfpreises durch die Vorwärmung der Dampfkesselverbrennungsluft. Das Buch, das einen wertvollen wie auch willkommenen Beitrag der neuen Literatur des Dampfkesselwesens darstellt, verdient wegen seiner leichtverständlichen und doch wissenschaftlich richtigen Behandlung des Stoffes eine weite Verbreitung; der Verfasser beherrscht den Stoff vollständig. Das vorzüglich geschriebene Werk wird zur Lösung vieler wichtiger Aufgaben, die es behandelt (Steigerung der Kesselleistung und Verbilligung der Dampfkosten), wesentlich beitragen.

**Zeitschrift des Vereins deutscher Ingenieure:** Das klar und in voller Beherrschung des Stoffes geschriebene Werk bringt eine eingehende Darlegung der feuertechnischen Fragen und Angaben von größtem Werte für Konstruktion und Betrieb von Dampfkesselanlagen. Die Verwendung vorgewärmter Luft in Dampfkesselfeuerungen beeinflußt den Verbrennungsvorgang, die Wärmeübertragung, die Zugverhältnisse, die Verbrennungstemperatur und Wärmeverteilung und schließlich die Wärmebilanz. Alles in allem ein sehr lehrreiches und gutes Buch, das besonders durch das Namen- und Sachverzeichnis einen raschen Überblick gibt.

**Glasers Annalen:** In den ersten fünf Abschnitten wird der Einfluß der Vorwärmung der Verbrennungsluft auf den Verbrennungsvorgang und den Wirkungsgrad gezeigt, wobei die theoretischen Grundlagen der Verbrennung — in chemischer und physikalischer Beziehung — behandelt werden. Dies geschieht im Gegensatz zu vielen anderen Veröffentlichungen in recht durchsichtiger Weise. Die verschiedenen Bauarten der Luftvorwärmer und ihre Berechnung werden klar dargestellt, sodann die errechneten Vorteile an Versuchsergebnissen nachgewiesen. Das Werk ist nicht nur für das Studium der Luftvorwärmung unerläßlich, sondern in seinem ersten Teile durch die zusammenfassende Darstellung des Verbrennungsvorganges und der Übertragung der Wärme von der Feuerung auf die Umgebung, insbesondere auf die Heizflächen, allgemein zu empfehlen.